Praktische

Dynamokonstruktion.

Ein Leitfaden

für

Studirende der Elektrotechnik.

Von

Ernst Schulz,

Ingenieur.

Mit 42 in den Text gedruckten Figuren und einer Tafel.

Berlin. **München.**

Julius Springer. 1893. R. Oldenbourg.

Druck von R. Oldenbourg in München.

Seinem hochverehrten Lehrer

Herrn Professor Dr. Wilhelm Kohlrausch

gewidmet

vom Verfasser.

Vorrede.

Im Vorliegenden soll den Studirenden der Elektrotechnik und allen Interessenten ein mit möglichst geringen Schwierigkeiten verbundener Weg gezeigt werden, auf dem sie in alle Beziehungen der Dynamokonstruktion soweit einzudringen vermögen, daſs ihnen die Berechnung einer solchen Maschine möglich ist. Gewisse Rücksichten auf den Umfang des Werkes zwingen dazu, Kenntnisse grundlegender Art auf dem Gebiete der Lehre vom Magnetismus und der Elektricität, sowie der Elektrotechnik vorauszusetzen, so daſs allerdings erst — in Rücksicht auf den heutigen Studienplan unserer technischen Hochschulen und Lehranstalten — die Studirenden der älteren Jahrgänge durch die Beschäftigung mit dieser Schrift Vortheile erwarten können. Auch giebt der Verfasser sich der Hoffnung hin, daſs bereits in der Praxis befindliche Elektrotechniker Nutzen aus dem Werke ziehen werden.

Es ist durchweg, angemessen dem Charakter möglichster Einfachheit, vermieden, komplicirte Ausdrücke der höheren Mathematik in die Rechnung einzuführen, ohne daſs durch diesen Verzicht, wie ich glaube, die Klarheit der Deduktionen beeinträchtigt wäre.

An einer Anzahl von Beispielen werden die theoretischen Sätze praktisch verwerthet.

Aachen, im Juni 1893.

Der Verfasser.

Wenn wir eine dynamoelektrische Maschine betrachten, so unterscheiden wir dabei am besten zwei Theile: wir betrachten nämlich die Maschine einmal in ihrer magnetischen Zusammensetzung und Wirkung, das andere Mal in ihrer elektrischen. Das Zusammenwirken beider Theile bringt die der Dynamomaschine eigenthümlichen Erscheinungen hervor.

Wenn wir uns nun zunächst mit der magnetischen Zusammensetzung, d. h. also mit der Eisenkonstruktion der Maschine, beschäftigen, so liegt der Grund dafür darin, dafs — wie wir später sehen werden, — diese den Ausgangspunkt für die Berechnung bildet.

I. Magnetische Beziehungen.

Ein elektrischer Stromkreis setzt sich zusammen aus den drei Faktoren:

Elektromotorische Kraft = E,
Widerstand = W,
und Stromstärke = J,

und zwar nach dem Ohmschen Gesetz:

$$J = \frac{E}{W},$$

das heifst also: E ist die erzeugende Kraft, welche in Wechselwirkung mit W die Stromstärke J erzeugt. So herrscht auch in allen magnetischen Beziehungen das gleiche Gesetz. Der Magnetismus, als etwas Erzeugtes, bildet den Faktor J; die Kraft E, welche ihn erzeugt, sind bei einem Elektromagneten die das Eisen umgebenden und von Strom durchflossenen »Erregerwindungen«; der magnetische Widerstand ist das notwendige Glied W des Nenners und läfst sich unter gewissen Beschränkungen betrachten wie der elektrische Leitungswiderstand eines Körpers.

Die Kraft, welche den Magnetismus erzeugt, ist das Produkt der Windungen, welche um den zu magnetisirenden Körper herumgelegt sind, und der in diesen Windungen fliefsenden Stromstärke in Ampère; man bezeichnet dieses Produkt als A m p è r e - w i n d u n g e n, auch Windungsampère, im allgemeinen Ausdruck als, m a g n e t i s i r e n d e K r a f t. Was den M a g n e t i s m u s, also das erzeugte Glied *J*, betrifft, so ist die verbreitetste Anschauung über sein Wesen in der Kraftlinientheorie niedergelegt; dieselbe dürfte so bekannt sein, dafs wir hier nur an die wichtigsten Punkte erinnern wollen. Der Magnetismus ist um so stärker, je mehr Kraftlinien den gleichen Querschnitt durchdringen, er wird gemessen durch die Anzahl der Kraftlinien, welche durch eine auf ihrer Richtung senkrechte Fläche vom Inhalt = 1 cm² hindurchtreten. Diese Anzahl Kraftlinien ist das Mafs für die D i c h t e d e s m a g n e t i s c h e n F e l d e s o d e r F e l d s t ä r k e.

Zum Beispiel: Durch ein Stück Eisen mögen 500000 Kraftlinien gehen: es sei nun der Querschnitt des Eisens senkrecht zur Richtung der Kraftlinien ein gleichförmiger und betrage $q = 100$ cm², dann ist die Kraftliniendichte

$$\varDelta = \frac{500000}{100} = 5000,$$

das heifst, auf einen cm² entfallen 5000 Kraftlinien, die Feldstärke beträgt 5000, oder wie man sich sonst noch ausdrücken will.

Bei der Betrachtung des magnetischen Widerstandes erinnere man sich der verschiedenen Faktoren, welche bei dem elektrischen Widerstand zusammenwirken. Der elektrische Widerstand eines Körpers ist:

$$W = \frac{s \cdot l}{q} (1 + \alpha \cdot t),$$

worin *l* die Länge des Weges ist, welchen der elektrische Strom in dem betreffenden Körper zurückzulegen hat, *q* der Querschnitt dieses Körpers und *s* eine Materialkonstante, der sogenannte specifische elektrische Widerstand, welcher für jeden Körper auf dem Wege des Versuches zu ermitteln ist: ferner ist *α* eine Materialkonstante, welche die Veränderung des ganzen Werthes durch die Temperatur *t* angibt, der sogenannte Temperaturkoefficient.

Ähnlich läfst sich die Formel für den magnetischen Widerstand formuliren. Von vornherein sei jedoch bemerkt, dafs

innerhalb der für Konstrukteure elektrischer Maschinen interessan-
ten Grenzen, also vielleicht, um recht hoch zu greifen, innerhalb
der Temperaturen von 0^0 bis 100^0 C., die Einflüsse der Erwärmung
auf den magnetischen Widerstand des Eisens so gering sind, dafs
man besser thut, sie nicht zu berücksichtigen. Ich fand beispiels-
weise dadurch, dafs ich an mehreren Maschinen bei verschiedenen
Temperaturen Beobachtungen anstellte, ungefähr bei 70^0 C. Tempe-
raturerhöhung — einer Gröfse, mit der man in der Praxis füglich
nicht rechnen wird — nur eine Widerstandszunahme des Gufseisens um circa 12%. Selbst dieser geringe Einflufs soll aber
später berücksichtigt werden, indem wir von vornherein einen etwas höheren Mittelwerth für den magnetischen Widerstand annehmen. Dann läfst sich der magnetische Widerstand eines Körpers ausdrücken

$$W = \frac{s \cdot l}{q} \cdot \varrho.$$

Hierin bedeutet l den Weg, den die Kraftlinien in dem betreffenden Medium zurückzulegen haben, q den Querschnitt desselben senkrecht zur Richtung der Kraftlinien; s ist wieder eine
Konstante des Materials, der specifische magnetische Widerstand.
Der Faktor ϱ ist eine bisher noch nicht mathematisch fixirte
Funktion, durch welche der Einflufs der Dichte der Kraftlinien
auf den Widerstand des Körpers, durch welchen sie gehen, ausgedrückt wird. Wenn man nämlich einen magnetischen Stromkreis ein Mal mit einer bestimmten Anzahl von Ampèrewindungen
$= x$ erregt, so erhält man angenommen y Kraftlinien; verdoppelt
man nun die Anzahl der Ampèrewindungen zu $2x$, so erhält man
nicht auch die doppelte Anzahl $2y$ Kraftlinien, sondern eine
geringere Gröfse. Der Faktor ϱ ist also keine Konstante; die
Analogie mit dem elektrischen Widerstand geht hier verloren:
denn während bei diesem der Werth ohne Erwärmungseinflüsse

$$w = \frac{s \cdot l}{q} = \text{const. ist,}$$

tritt der magnetische Widerstand

$$w = \frac{s \cdot l}{q} \cdot \varrho$$

in Abhängigkeit von der jeweiligen Dichte der Kraftlinien pro
cm² auf.

Wie gesagt, hat man sich bisher vergeblich bemüht, den Faktor ϱ mathematisch festzustellen: man mußte sich damit begnügen, einen andern Weg zur Erkenntnis der magnetischen Eigenschaften der in Betracht kommenden Körper zu nehmen.

Zu diesem Zwecke trägt man in einem rechtwinkligen Koordinatensystem auf der Ordinatenachse die Kraftliniendichte, also die Kraftlinien pro cm², auf der Abscissenachse die Ampèrewindungen pro 1 cm Länge des Kraftlinienweges auf und konstruirt auf diese Weise eine Kurve, welche die **Magnetisirungskurve** oder Widerstandskurve genannt wird.

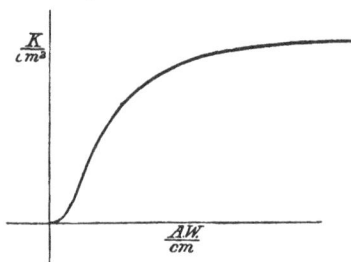

Fig. 1.

Eine solche Kurve gibt uns für eine bestimmte Dichte des magnetischen Feldes die Anzahl der Ampèrewindungen an, welche nöthig sind, wenn die betreffenden Kraftlinien nur einen Weg von 1 cm Länge zu überwinden hätten. Es ist dies ohne Frage eine ebenso genaue, weil auf wissenschaftlichen Beobachtungen fußende, als ganz besonders für den Ingenieur, welcher schnell arbeiten soll, bequeme Hilfe bei der Berechnung. Wir wollen daher auch hier diese Methode zu Grunde legen und nicht weiter auf die Versuche eingehen, welche verschiedentlich gemacht wurden, Näherungswerthe für den Faktor ϱ aufzustellen; denn selbst mit dem bequemsten Näherungswerth läßt es sich nicht so leicht arbeiten, als mit der Kurventafel. Die später folgenden Beispiele werden dies erkennen lassen.

Es erscheint nun nöthig, auf eine sehr wichtige Eigenschaft verschiedener Körper hinzuweisen, welche mit den soeben gegebenen Erklärungen in engem Zusammenhang steht. Wie gesagt, muß man, um in demselben Körper die doppelte Anzahl Kraftlinien zu erzeugen, nicht doppelt so viel, sondern ganz unverhältnismäßig mehr Ampèrewindungen aufwenden; man gelangt so, wenn man die Anzahl der Kraftlinien pro cm², die Feldstärke, immer weiter steigern will, an eine Grenze, wo eine Erhöhung der magnetisirenden Kraft, der Ampèrewindungen, keine merkliche Erhöhung der Ordinatenwerthe mehr im Gefolge hat. Es wird diejenige Anzahl von Kraftlinien pro cm², bei welcher dieser Fall eintritt, das **Kraft-**

linienmaximum pro cm² oder die maximale Dichte oder Feldstärke genannt. Man kann sich diesen Vorgang auch so vorstellen, als ob das Medium in seinem begrenzten Querschnitt nicht mehr Kraftlinien aufzunehmen im stande ist, es ist gesättigt, wie man in der Chemie von gesättigten Lösungen spricht.

Dieser magnetische Sättigungspunkt oder maximale Feldstärke tritt bei den verschiedenen Körpern sehr verschieden auf und ist experimentell zu ermitteln. Hat man für ein bestimmtes Medium die maximale Feldstärke oder Dichte festgesetzt, so kann man sich auf diesen Wert beziehen und eine bestimmte Kraftliniendichte in Procenten der maximalen Dichte als Sättigungsgrad bezeichnen.

Es ist also, wenn wir bezeichnen

D_M = maximale Dichte,
D = thatsächliche Dichte,

$$\text{der Sättigungsgrad} = \frac{D}{D_M} \cdot 100 \text{ in Procenten,}$$

wofür man besser einen sogenannten Sättigungsfaktor wählt und schreibt:

$$\sigma = \frac{D}{D_M} = \text{einem echten Bruch.}$$

Wenn man also sagt, ein Stück Gufseisen hat den Sättigungsfaktor

$$\sigma = 0,5,$$

so heifst das, es ist

$$\frac{D}{D_M} = 0,5$$

Da nun, wie oben gesagt, D_M experimentell ermittelt ist, wird

$$D = 0,5 \cdot D_M.$$

Der Sättigungsgrad ist 50%. Nehmen wir nun an, dafs die maximale Kraftliniendichte für Gufseisen besserer Qualität sei

$$D_M = 12\,000,$$

so wird in dem Falle unseres Beispieles bei 50% Sättigungsgrad die thatsächliche Anzahl der Kraftlinien pro cm²

$$D = 0,5 \cdot D_M = 6000.$$

Hat das betreffende Gufseisen nun einen Querschnitt von 100 cm², so sind bei diesem Sättigungsgrad von 50% total vorhanden

$$K = 6000 \cdot 100 = 600\,000 \text{ Kraftlinien,}$$

während maximal vorhanden sein k ö n n t e n

$$K_M = 1\,200\,000 \text{ Kraftlinien.}$$

Wenden wir uns nun speciell einzelnen Körpern zu, um ihre magnetischen Eigenschaften kennen zu lernen, so interessiren in Bezug auf den Dynamomaschinenbau nur Schmiedeeisen, Gufs-eisen, Kupfer und Luft. Das Zink, welches zur Verwendung ge-langt für die Magnetpolwicklung (welche bekanntlich auf Zinkspulen aufgewickelt und so über die Magnetschenkel geschoben wird), ist vollständig als magnetischer Isolator zu betrachten, d. h. es hat einen unendlich grofsen magnetischen Widerstand und nimmt gar keine Kraftlinien auf; es interessirt uns also weniger.

Das Schmiedeeisen wird in Form von dünnen Blechen bekannt-lich zur Herstellung des Ankers der Dynamomaschine benutzt. Es kann für die maximale Dichte der Mittelwerth angenommen werden

$$D_M = 18\,000.$$

In der Kurve für mittleres Schmiedeeisen haben wir nun, wie weiter oben auseinandergesetzt war, als Ordinaten die Kraftliniendichte, als Abscissen die Ampère-Windungen pro 1 cm Länge des Kraftlinienweges aufgetragen. Die so entstandene Kurve liefert uns die Möglichkeit, die Beziehungen des magnetischen Stromkreises eines in sich geschlossenen schmiedeeisernen Ringes, eines Stabes etc., kurz eines schmiedeeisernen Körpers, zu berechnen. Für Gufseisen nimmt man am besten als Mittelwerth der maximalen Kraftliniendichte an $D_M = 11\,000$, einen Werth, den ich an vielen Dynamomaschinen als richtig gefunden habe, und der auch durch die letzten Veröffentlichungen von Steinmetz bestätigt wird. Die übrigen Beziehungen des mittleren Gufseisens ergeben sich aus der Kurve II.

Wie die Bezeichnung »mittleres Gufseisen resp. Schmiedeeisen« schon anzeigt, gelten die Kurven I und II nicht streng genau für eine bestimmte Sorte des Metalles: es sind vielmehr Mittel-werthe, welche aus Beobachtungen an verschiedenen Materialien zusammengestellt sind; die Angaben der maximalen Kraftliniendichte sind mit Rücksicht auf Erwärmung niedriger genommen, als bei den besseren gangbaren Qualitäten der Fall ist.

Die Luft hat keine maximale Dichte; ihr Aufnahmevermögen ist unbegrenzt; dabei zeigt sie noch eine andere Abweichung von dem magnetischen Verhalten der bis jetzt untersuchten Metalle.

Aus den zur Genüge bekannten Hopkinson'schen Deduktionen geht nämlich hervor, daſs die Widerstandsgleichung, welche wir oben auf

$$w = \frac{s \cdot l}{q} \cdot \varrho$$

festgesetzt hatten, bei der Luft lautet:

$$w = \frac{s \cdot l}{q}.$$

Es fehlt der die Abhängigkeit des magnetischen Widerstandes von der Kraftliniendichte ausdrückende Koefficient ϱ; infolgedessen ist auch, wenn die Magnetisirungskurve für Luft in ein Koordinatennetz eingetragen wird, ihr Verlauf der einer geraden Linie. Da nun zur Konstruktion einer Geraden in einer gegebenen Ebene zwei Punkte genügen, so brauchen wir auſser dem Anfangspunkt des Systems nur noch einen Punkt zu berechnen, um diese Kurve für einen beliebigen Luftraum berechnen zu können. Für den Koefficienten des specifischen magnetischen Widerstandes ist nach Hopkinson zu setzen:

$$s = \frac{1}{0,4 \cdot \pi} = 0,8.$$

Nun gibt es noch Stellen an der Dynamomaschine, wo die Kraftlinien ihren Weg durch das Kupfer der Ankerbewicklung finden; es scheint aber, daſs Kupfer sich in magnetischer Beziehung unter die schlechten Leiter zählen läſst, sowie daſs es sich ähnlich wie Luft verhält; genaue Untersuchungen darüber sind mir nicht bekannt; wir wollen deshalb bei Betrachtung der magnetischen Verhältnisse einer Dynamo etc. für das Kupfer einen äquivalenten Luftraum einsetzen resp. dasselbe als nicht vorhanden ansehen.

Im Vorstehenden sind die für die Konstruktion von elektrischen Maschinen in Betracht kommenden Metalle und die Luft in ihrem magnetischen Verhalten so charakterisirt, daſs wir nun im stande sein müssen, jeden beliebigen magnetischen Stromkreis im voraus zu berechnen. Es mögen deshalb jetzt einige Beispiele gezeigt werden, welche möglichst der Praxis entnommen sind.

Beispiel I.

Es soll für den Transformator (Figur 2) die Magnetisirungskurve berechnet und konstruirt werden. Der Körper besteht aus Schmiedeeisen. Es ist

$$a = 100 \text{ cm} \qquad b = 60 \text{ cm}.$$

Der Querschnitt senkrecht zur Richtung der Kraftlinien hat die Form eines Kreises, wie Figur 2 zeigt. Nach den obigen Auseinandersetzungen ist die Anzahl der Ampère-Windungen, welche zur Erzeugung einer bestimmten Anzahl Kraftlinien nöthig ist, wenn der Querschnitt des magnetischen Leiters $= q$, die Länge des Weges, welchen die Kraftlinien zurückzulegen haben, $= l$ ist, $A\,W = K \cdot \dfrac{l}{q} \cdot s \cdot \varrho$.

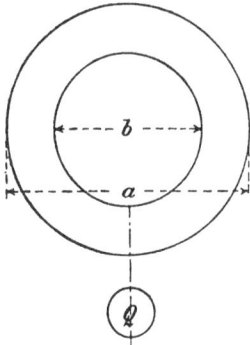

Die Formel lässt sich auch schreiben:

$$\frac{A\,W}{l} = \frac{K}{q} \cdot s \cdot \varrho.$$

Nun ist aber $\dfrac{A\,W}{l}$ nichts weiter als die Ampèrewindungen pro 1 cm, während $\dfrac{K}{q}$ die Kraftlinienanzahl pro cm² bedeutet; diese Beziehung aber kennen wir aus unserer Magnetisirungskurve für mittleres Schmiedeeisen; wir können daher ohne weiteres zur Berechnung der Transformatorkurve schreiten, indem wir für einige Werthe von $\dfrac{K}{q}$ die Werthe von $\dfrac{A\,W}{l}$ aus der Eisenkurve ablesen und durch Multiplikation mit q resp. l die richtigen Werthe für die totale Kraftlinienzahl des Transformators und die totalen Ampère-Windungen erhalten.

Wir finden bei Durchführung der Rechnung Folgendes:

$D = \dfrac{K}{q}$	$\dfrac{A\,W}{l}$	$A\,W$ total	K total
1000	1	251	$3{,}14 \cdot 10^{5}$
2000	1,5	376	$6{,}28 \cdot 10^{5}$
3000	2	502	$9{,}4 \ \cdot 10^{5}$
4000	2,5	628	$12{,}55 \cdot 10^{5}$
5000	3	753	$15{,}7 \ \cdot 10^{5}$
6000	3,5	878	$18{,}8 \ \cdot 10^{5}$
7000	4	1004	$21{,}9 \ \cdot 10^{5}$
8000	4,5	1130	$25{,}1 \ \cdot 10^{5}$
9000	5,1	1280	$28{,}2 \ \cdot 10^{5}$
10000	5,7	1430	$31{,}4 \ \cdot 10^{5}$
11000	6,6	1660	$34{,}5 \ \cdot 10^{5}$
12000	7,6	1910	$37{,}6 \ \cdot 10^{5}$.

Die Reihen AW total und K total enthalten also die zur Konstruktion der Magnetisirungskurve des gegebenen | Transformators nötigen Werthe. Der Werth der maximalen Kraftlinienanzahl liegt nach unseren Annahmen bei

$$K_M = 314 \cdot 18\,000 = 56{,}5 \cdot 10^5.$$

Hier wird also die Kurve eine Parallele zur Abscissenachse.

Tragen wir obenstehende Werthe in ein System rechtwinkliger Koordinaten ein, so erhalten wir Kurve III. Dieselbe giebt uns nun genau an, wie viel Ampère-Windungen aufgewendet werden müssen, um eine bestimmte Anzahl Kraftlinien zu erzeugen, oder umgekehrt.

Bleiben wir bei den Dimensionen dieses Beispieles und wählen statt des Schmiedeeisens das magnetisch schlechter leitende Gufseisen, so erhalten wir mit Zuhilfenahme unserer Kurve für mittleres Gufseisen folgende Werthe:

$\dfrac{K}{q}$	$\dfrac{AW}{l}$	AW total	K total
1000	7	1750	$3{,}14 \cdot 10^5$
2000	9	2260	$6{,}28 \cdot 10^5$
3000	12	3010	$9{,}4\ \cdot 10^5$
4000	15,5	3880	$12{,}55 \cdot 10^6$
5000	20	5010	$15{,}7\ \cdot 10^5$
6000	28	7010	$18{,}8\ \cdot 10^5$
7000	41	10300	$21{,}9\ \cdot 10^5$
8000	58,5	14700	$25{,}1\ \cdot 10^5.$

Das Kraftlinienmaximum befindet sich bei

$$K_M = 314 \cdot 11\,000 = 34{,}5 \cdot 10^5.$$

Aus der Kurve IV, welche die vorstehenden Werthe der dritten und vierten Vertikalreihe enthält, ersehen wir die bedeutende Verschiedenheit des magnetischen Verhaltens der beiden Eisensorten. Um $20 \cdot 10^5$ Kraftlinien hervorzubringen, genügen auf dem schmiedeeisernen Ring schon etwa 925 Ampèrewindungen, während auf dem gufseisernen Transformator etwa 8000 nöthig sind. Dieses eine Beispiel dürfte schon zur Genüge zeigen, weshalb man Transformatoren nur aus dem besten Schmiedeeisen zu bauen bestrebt ist; weshalb bei Dynamomaschinen andere Gründe für den Vorzug des Gusseisens mafsgebend sind, wird sich später ergeben.

Beispiel II.

Es soll angenommen werden, unser Ring hätte an einer Stelle eine Unterbrechung, wie sie die Figur 3 zeigt, von solchen Dimensionen, daſs die mittlere Länge des Weges der Kraftlinien durch die Luft $c = 0,8$ cm wäre.

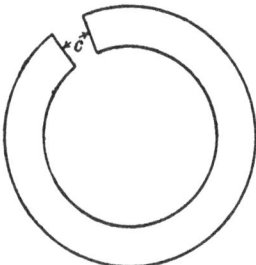

Fig. 3.

Aufgabe ist wieder, die Magnetisirungskurve des ganzen magnetischen Stromkreises zu berechnen. Der Leiter besteht jetzt aus Eisen + Luft, die Kraftlinien passiren erst die Luft und gehen dann durch das Eisen zu ihrem Ausgangspunkt zurück, es ist also eine Hintereinanderschaltung der verschiedenen Körper Eisen und Luft.

Es ist wohl sofort klar, daſs man sich die Magnetisirungskurve in zwei Kurven zerlegt, nämlich 1. die Kurve des Eisens und 2. die Kurve des Luftraumes. Man berechnet und konstruirt jede und erhält durch Addition der zu gleichen Ordinaten gehörigen Abscissenwerthe die Summenkurve. Im Folgenden sei dies ausgeführt.

Als Material nehmen wir Guſseisen an; dann ist zwar gegenüber dem vorigen Beispiel durch das Fehlen eines Stückes von 0,8 cm der magnetische Widerstand des Guſseisens um etwas geringer geworden, da der Weg der Kraftlinien im Guſs jetzt kürzer ist; thatsächlich aber ist diese Änderung so geringfügig, daſs wir, ohne einen praktischen Fehler zu begehen, die soeben konstruirte Kurve des guſseisernen Ringes (Kurve IV) als richtig auch für diesen Fall annehmen können.

Es bleibt hiernach nur noch die Kurve für das Luftstück. Oben war gesagt, daſs eine Kurve, welche die magnetischen Verhältnisse im Luftraum veranschaulicht, stets eine Gerade sei; man kann dieselbe also nach Berechnung nur eines Punktes mit Hilfe des Anfangspunktes des Koordinatensystems konstruiren. Es ist nun

$$A.\, W. = K \cdot \frac{s.\, l}{q}.$$

Berechnen wir z. B. für $15 \cdot 10^5$ Kraftlinien die hierfür nöthigen Ampère-Windungen, so wird

$$A\,W = 15 \cdot 10^5 \cdot \frac{0{,}8 \cdot 0{,}8}{314{,}2}$$

$$A\,W = 3070$$

Wir tragen diesen Punkt mit der Ordinate $15 \cdot 10^5$ und der Abscisse 3070 in ein Koordinatennetz ein und ziehen durch denselben und durch den 0-Punkt des Systems eine Gerade. Dies ist die Luftkurve. (Kurve V.) Zu dieser Geraden addiren wir die aus Kurve IV entnommene Gußeisenkurve; die entstehende Summenkurve ist die Magnetisirungskurve unseres unterbrochenen Ringes.

Wenn wir die Kurven IV und V mit einander vergleichen, so sehen wir, daß durch die Einfügung des Luftraumes die zur Erzeugung der Kraftlinien nötige Ampère-Windungszahl unter sonst gleichen Ordinatenwerthen bedeutend größer geworden ist; die Summenkurve V erscheint gegen IV nach rechts heraus gerückt. Dies wird um so mehr der Fall werden, je länger wir den Weg der Kraftlinien im Luftraum machen werden.

Bestände nun der Körper, welcher dem magnetischen Strom als Leiter dient, aus mehreren physikalisch verschiedenen Theilen, z. B. aus Schmiedeeisen, Luft und Gußeisen, oder hätte er noch dazu an verschiedenen Stellen ungleiche Querschnitte, so müßte für jeden derartigen Theil die Magnetisirungskurve berechnet und konstruirt werden; dann erhalten wir bei der Summirung aller Kurven die richtige Magnetisirungskurve.

Das beste Beispiel für die Magnetisirungskurve eines so in seinen einzelnen Theilen heterogenen magnetischen Stromkreises bietet die Dynamomaschine.

Betrachten wir zunächst die denkbar einfachste Anordnung einer solchen Maschine, nämlich die sogen. »Hufeisentype«, mit einem Trommelanker ohne Nuten. Die Maschine zerfällt naturgemäß ihrer magnetischen Disposition nach in drei Theile:

1. Der Anker, welcher aus Schmiedeeisen besteht und sich, da die Achse magnetisch isolirt zu sein pflegt, als Differenz zweier Cylinder darstellt;

2. Polschuhe und Schenkel mit der verbindenden Grundplatte, sämmtlich aus Gußeisen, und

3. die Luftschicht, welche sich zwischen den Polschuhen und der Ankeroberfläche befindet.

Werden nun auf die Schenkel Drahtwindungen aufgebracht und in bestimmtem Sinne von elektrischem Strom durchflossen, so z. B., dafs der linke Elektromagnet einen Nordpol, der rechte einen Südpol darstellt, so wird diese magnetisirende Kraft in dem dreigetheilten magnetischen Leiter einer Dynamomaschine eine Anzahl von Kraftlinien erzeugen; diese gehen, wie die Fig. 5 zeigt, vom Nordpol aus, treten durch die Luftschicht in den Anker, theilen sich hier in zwei gleiche Theile, von welchen der eine durch die obere, der andere durch die untere Ringhälfte tritt, gehen dann durch den Luftraum zum Südpol über und kehren durch das Schenkelgestell zum Ausgangspunkt zurück. Die Berechnung der Magnetisirungskurve einer Dynamomaschine, wie Fig. 4 und 5 sie zeigen, wird daher nach dem oben Gesagten in drei Theile zer-fallen:

1. Kurve des Schmiedeeisens,
2. Kurve des Gufseisens
3. Kurve der Luft.

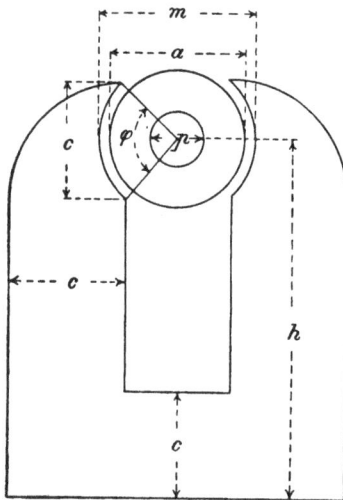

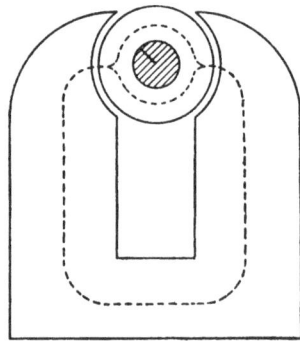

Fig. 4.   Fig. 5.

Zur Vereinfachung ist nämlich angenommen, dafs die Querschnitte des Gufseisens durchweg an verschiedenen Stellen gleich sind, was vielfach in der Praxis nicht der Fall zu sein pflegt.

Beispiel III.

Die Dimensionen einer Hufeisenmaschine seien die folgenden:

Durchmesser des Ankers . . . . $a = 16$ cm
Länge des Ankers = Länge der Polschuhe $b = 26$ »

Durchmesser der Bohrung der Polschuhe $m = 16,8$ cm
Höhe des Polschuhes . . . . $c = 12$ »
Durchmesser der Achse . . . . $p = 4,8$ »
Höhe der Maschine bis Mitte Anker . . $h = 50$ »
Breite unten . . . . $g = 35,3$ »

Auf Grund dieser Daten wollen wir die vollständige Magneti-sirungskurve der Maschine berechnen und konstruiren.

I. Anker (Schmiedeeisen).

Wir berechnen zunächst den Querschnitt des Leiters und die Länge des Weges, welchen die Kraftlinien in ihm zurückzulegen

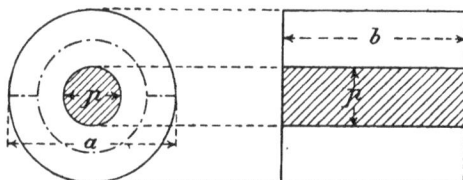

Fig. 6.

haben. Beides ergiebt sich aus Betrachtung der Fig. 6. Die strich-punktirte Linie stellt den Verlauf einer Kraftlinie im Mittel dar.

Es ist nämlich der Querschnitt

$$q = (a - p) \cdot b$$

die Länge des Kraftlinienweges

$$l = \frac{a - p}{2} + \frac{a + p}{4} \cdot \pi \cdot$$

Setzen wir die Werthe ein, so ergibt sich

$$q = 291 \text{ cm}^2$$
$$l = 22 \quad \text{cm.}$$

Aus dem Werthe von

$$q = 291 \text{ cm}^2$$

sehen wir schon, dafs das Kraftlinienmaximum der Maschine im Anker bei

$$K = 291 \cdot 18\,000 = 50,5 \cdot 10^5$$

liegt, das Schmiedeeisen ist dann gesättigt und die Kurve läuft parallel zur Abscissenachse.

Wir nehmen nun unsere obige Kurve I für mittleres Schmiedeeisen zur zur Hand und berechnen folgende Punkte

$\dfrac{K}{q}$	$\dfrac{AW}{l}$	K total	AW total
2000	1,5	$5,82 \cdot 10^5$	33
4000	2,5	$11,65 \cdot 10^5$	55
6000	3,5	$17,5 \ \cdot 10^5$	77
8000	4,5	$23,3 \ \cdot 10^5$	99
10000	5,75	$29,1 \ \cdot 10^5$	127
12000	7,6	$34,9 \ \cdot 10^5$	167

Aus diesen Werthen wird die Kurve für das Schmiedeeisen des
Ankers konstruirt, siehe dazu Kurve VI. Die Kurve läuft eng
an der Ordinatenachse hin und zeigt auf diese Weise den geringen
magnetischen Widerstand des Ankers.

II. Gufseisen.

Hier ist der Querschnitt des Leiters durchweg in allen Theilen

$$q = c \cdot b = 312 \ \text{cm}^2,$$

ferner ist die mittlere Länge einer Kraftlinie $l = g + 2\,(h - c)$ mit
einer geringen Ungenauigkeit, also

$$l = 111,3 \ \text{cm}.$$

Aus dem Werthe

$$q = 312 \ \text{cm}^2$$

folgt

$$K_M = 312 \cdot 11\,000 = 34,3 \cdot 10^5.$$

Der Gang der Berechnung der einzelnen Kurvenpunkte dürfte
nunmehr klar sein; wir erhalten mit Hilfe der Kurve II für mittleres Gufseisen folgende Werthe:

$\dfrac{K}{q}$	$\dfrac{AW}{l}$	K total	AW total
2000	9	$6,22 \cdot 10^5$	1000
4000	15,5	$12,5 \ \cdot 10^5$	1720
5000	20	$15,6 \ \cdot 10^5$	2226
6000	28	$18,7 \ \cdot 10^5$	3110
7000	41	$21,8 \ \cdot 10^5$	4550
8000	58,5	$24,9 \ \cdot 10^5$	6490.

Durch diese Werthe ist die Konstruktion der Kurve für das Gußeisen der Dynamomaschinen ermöglicht. Wir sehen bei Vergleich der beiden Eisenkurven (Kurve VI) schon den bedeutend überwiegenden Einfluß des Gußeisens.

Nun käme der dritte Theil des magnetischen Stromkreises,

III. die Luft.

Die Länge des Weges der Kraftlinien in der Luft ist aus der Figur 7 leicht ersichtlich als

$$l = m - a$$

(Differenz des Durchmessers der Polschuhbohrung und des Durchmessers des Ankers).

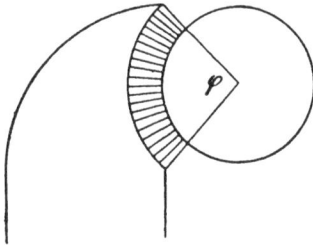

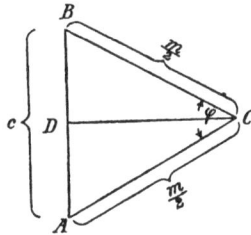

Fig. 7.   Fig. 8.

Es ist also in unserem Falle

$$l = 16,8 - 16 = 0,8 \text{ cm.}$$

Der Querschnitt des Luftraumes ist augenscheinlich abhängig von der Größe des Centriwinkels φ. Nach Fig. 8 ist

$$AC = 0,5 \cdot m$$

$$DC \perp BA$$

$$\sphericalangle BCD = \frac{\varphi}{2}$$

$$\text{und } BD = 0,5 \, c$$

$$\text{also } \sin \frac{\varphi}{2} = \frac{c}{m}$$

$$\text{und } \varphi = 2 \arcsin \frac{c}{m}$$

In unserem Beispiel ist

$$\varphi = 97^{\circ}$$

Man berechnet nun das Stück der Peripherie des Ankers, welches von den Schenkeln des Winkels φ eingeschlossen wird; dies ist

$$= a \cdot \pi \cdot \frac{\varphi}{360}$$

folglich ist der Querschnitt des Luftraumes

$$q = a \cdot \pi \cdot \frac{\varphi}{360} \cdot b$$

$$= 350 \text{ cm}^2.$$

Nur dieser Querschnitt des Luftraumes wird von Kraftlinien getroffen, da dieselben den kürzesten Weg von dem Gufseisen zum Anker einschlagen.

Es ist nun ein beliebiger Punkt zu berechnen, z. B. für $20 \cdot 10^5$ Kraftlinien,

$$A W = 20 \cdot 10^5 \cdot \frac{0,8 \cdot 0,8}{350} = 3650.$$

Trägt man diesen Punkt in das Koordinatennetz ein und zieht durch ihn und den Anfangspunkt des Systems eine Gerade, so ist dies die Kurve unseres Luftraumes. (Kurve VI.)

Wir haben nun die Kurven der drei heterogenen Bestandtheile des magnetischen Kreises konstruirt; die Addition aller zu gleichen Ordinatenwerthen gehörenden Abscissenwerthe ergibt die **Mag-netisirungskurve der Dynamo.** (Kurve VI.)

Wie man sich erinnern wird, war Vorstehendes unter der Annahme durchgeführt, dafs der Anker **keine Nuten** besäfse, sondern als glatter Eisencylinder gedacht war. Hat man nun einen **mit Nuten** zur Aufnahme der Ankerbewicklung versehenen Cylinder, so tritt durch das Vorhandensein der Zähne und Nuten eine Komplikation für die Magnetisirungskurve ein. Wir haben jetzt nämlich 5 Kurven zu konstruiren und dann in geeigneter Weise mit einander zu verbinden.

Folgendes ist der Fall: Denken wir uns den schmiedeeisernen Anker, für welchen wir die Ankerkurve zu berechnen haben, jetzt bestehend aus dem Cylinder mit den Grundflächen $\frac{(a-2t)^2}{4}\pi$, wo t die Tiefe einer Nute bezeichnet; d. h. wir betrachten die Zähne als nicht zum Anker im eigentlichen Sinne gehörig; die Nothwendigkeit dieser gesonderten Betrachtung ergibt sich aus

dem, was ich weiter oben über magnetische Stromkreise mit verschiedenen Querschnitten gesagt habe. Unser jetziger Anker, das
heißt der schmiedeeiserne Körper, für welchen wir die Ankerkurve
zu konstruiren haben, hat jetzt den Querschnitt

$$q = (a - p - 2\,t)\,b,$$

während die Kraftlinien im Mittel einen Weg zurückzulegen haben

$$l = \frac{a - p - 2\,t}{2} \cdot + \frac{a + p - 2\,t}{4} \cdot \pi,$$

welche Werthe sich leicht aus der geometrischen Figur der Grund-
fläche des Ankers entwickeln lassen. (Figur 9.)

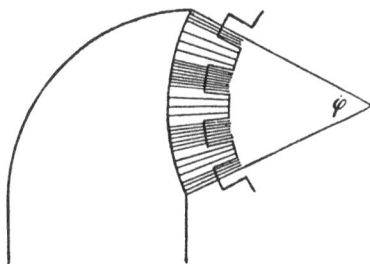

Fig. 10.

Fig. 9.

Zwischen der Peripherie der Polschuhe und dem unter obigen
Annahmen betrachteten schmiedeeisernen Körper befindet sich ein
Raum, in dem Luft und Schmiedeeisen (die Zähne des Ankers)
als Leiter dienen (Figur 10).

Wir müssen, wenn wir streng theoretisch vorgehen wollen,
zwei parallel geschaltete magnetische Leiter unterscheiden: einmal
treten nämlich Kraftlinien, wenn auch in sehr beschränkter Zahl,
von dem Grundkreis der Nuten durch den Luftraum in das
Gußeisen der Polschuhe; andererseits, und dies ist die sehr über-
wiegende Zahl, finden sie ihren Weg vom Grundkreis der Zähne
durch einen Leiter, der aus Schmiedeeisen + Luft (hintereinander
geschaltet) besteht, zu den Polschuhen. Um also die genaue Kurve
für die magnetischen Verhältnisse innerhalb des Raumes zwischen
Anker und Polschuhen konstruiren zu können, müssen wir berechnen

1) eine Kurve für den Raum zwischen Polschuh und Zahnrand (Kurve a in VII),

2) eine Kurve für den Raum zwischen Zahnrand und Zahn-
fuss (Kurve *b* in VII).

Diese beiden Räume sind magnetisch hintereinander geschaltet;
wir müssen demnach, um aus den Kurven *a* und *b* die Kurve *c*
zu gewinnen, welche uns die Verhältnisse in dem ganzen Raum
zwischen Polschuh und Zahnfuß veranschaulicht, die zu gleichen
Ordinatenwerthen gehörigen Abscissenwerthe der Kurven
a und *b* addieren; diese Konstruktion ist auf Kurve VII ausgeführt.

Dann ist zu konstruiren

3) eine Kurve für den langen Luftraum zwischen Polschuh
und Nutenboden (Kurve *d* in VII).

Die Kurven *c* und *d* repräsentiren uns die Vorgänge in zwei
parallel geschalteten Räumen; daher müssen wir, um *c* und *d* in
die eine Kurve *e* zu vereinigen, die zu gleichen Abscissenwerthen
gehörigen Ordinatenwerthe addiren; die so erhaltene Kurve *e* giebt
uns nun das Bild der magnetischen Beziehungen in dem ganzen
Raume zwischen Polschuhen und eigentlichem Ankerkern.

Es ist am Platze, hier wieder ein Beispiel zu wählen.

Beispiel IV.

Dynamomaschine, zweipolige Hufeisentype, Dimensionen wie
oben.

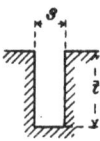
Fig. 11.

Anzahl der Zähne resp. Nuten $m_t = 30$
Tiefe der Nuten $t = 1$ cm
Breite der Nuten $s = 0{,}5$ cm.

Die Kurve für das Gußeisen ist natürlich unverändert dieselbe wie im Beispiel III (vergleiche Kurve VI),
da sich an den Dimensionen des Gußkörpers nichts
geändert hat; die übrigen Verhältnisse haben sich verschoben.

Ankerkurve.

Es ist der Querschnitt des unter den früher gemachten Annahmen betrachteten Ankerkernes

$$q = (a - 2\,t - p) \cdot b$$

in unserem Falle

$$q = 240 \text{ cm}^2.$$

Das Kraftlinienmaximum befindet sich also bei

$$K_m = 240 \cdot 18000 = 43{,}3 \cdot 10^5.$$

Der Weg, welchen im Mittel die Kraftlinien im Ankerkerne zurückzulegen haben, ist

$$l = \frac{a-2t-p}{2} + \frac{a-2t+p}{4} \cdot \pi = 20,4 \text{ cm.}$$

Mit Zuhilfenahme unserer Kurve I für mittleres Schmiedeeisen erhalten wir:

$\dfrac{K}{q}$	$\dfrac{A\,W}{l}$	$A\,W$	K
2000	1,5	30,7	$4,8 \cdot 10^5$
4000	2,5	51	$9,6 \cdot 10^5$
6000	3,5	71,5	$14,4 \cdot 10^5$
8000	4,5	92	$19,2 \; 10^5$
10000	5,7	116	$24,0 \cdot 10^5$
12000	7,6	155	$28,8 \cdot 10^5.$

Hieraus konstruiren wir eine Kurve a für das Schmiedeeisen des Ankerkernes (Kurve VII). **Zahnkurve** (d. h. die Kurve, welche die Verhältnisse in dem Raum zwischen Zahnrand und Grundkreis darstellt, in obigen Auseinandersetzungen und auf der folgenden Kurventafel mit b bezeichnet). Der Querschnitt, welchen die Zähne bieten, ist hier natürlich wieder von dem Centriwinkel φ abhängig. Der Gang der Rechnung ist folgender: berechne aus der Gröfse des Winkels φ und der totalen Anzahl der Zähne diejenige Zahl von Zähnen, welche innerhalb der Schenkel des $\sphericalangle \varphi$ liegen, also von Kraftlinien getroffen werden. Berechne dann die Breite eines einzelnen Zahnes an seinem Grundkreis, darauf den Gesammtquerschnitt der inducirten Zähne.

Es sind inducirte Zähne

$$= \frac{m_z \cdot 97^0}{360^0} = \frac{30 \cdot 97^0}{360^0}$$
$$= 8,1 \text{ Zähne.}$$

Der Umfang des ganzen Grundkreises der Zähne ist

$$= (a - 2\,t) \cdot \pi$$
$$= 44 \text{ cm.}$$

Da nun 30 Nuten und 30 Zähne vorhanden sind, ist die Breite einer Nute $+$ Zahn am Grundkreis gemessen

$$= \frac{44}{30} = 1,47 \text{ cm.}$$

Die Nutenbreite ist oben gegeben zu

$$s = 0,5 \text{ cm.}$$

Also Breite eines Zahnes am Grundkreis gemessen

$$= 1,47 - 0,5 = 0,97 \text{ cm.}$$

Da nun 8,1 Zähne von Kraftlinien inducirt werden, so ergiebt sich unter Berücksichtigung, dafs der Anker eine Länge von $b = 26$ cm hat, ein

$$\text{Gesammtquerschnitt } q = 26 \cdot 8,1 \cdot 0,97 \text{ cm}^2$$
$$= 204 \text{ cm}^2.$$

Das Kraftlinienmaximum der Zähne liegt also bei

$$K_M = 204 \cdot 18000$$
$$= 36,7 \cdot 10^5.$$

In Wahrheit ist aber der Luftraum zwischen Nutenboden und Polschuhen parallel dazu; wie wir wissen, ist die Luftkurve stets eine Gerade; und da später, wie oben gesagt, die Ordinaten addirt werden, so wird die resultirende Kurve kein Kraftlinienmaximum aufweisen; denn wenn selbst die schmiedeeisernen Zähne völlig gesättigt sind — was thatsächlich in der Praxis vorkommt —, so würden doch noch mehr Kraftlinien ihren Weg vom Anker zum Polschuh finden können: sie gehen dann eben durch den längeren Luftraum, welcher ja eine unbegrenzte Kapacität besitzt. Die Länge des Kraftlinienweges ist bei den Zähnen

$$l = 2\,t$$
$$= 2 \text{ cm in unserem Falle.}$$

Nach unserer Kurve für mittleres Schmiedeeisen ist:

$\dfrac{K}{q}$	$\dfrac{AW}{l}$	AW	K
2 000	1,5	3,0	$4,08 \cdot 10^5$
4 000	2,5	5,0	$8,16 \cdot 10^5$
6 000	3,5	7,0	$12,3 \ \cdot 10^5$
8 000	4,5	9,0	$16,4 \ \cdot 10^5$
10 000	5,7	11,4	$20,4 \ \cdot 10^5$
12 000	7,6	15,2	$24,6 \ \cdot 10^5.$

Die durch diese Punkte dargestellte Kurve b ist die Zahnkurve. (Kurve VII.)

Kurzer Luftraum (Luftraum zwischen Zahnrand und Polschuhen als direkte Verlängerung des schmiedeeisernen Zahnes gedacht).

Wie eben, setzen wir als Querschnitt eines solchen „Luftzahnes" mit geringer Ungenauigkeit den Querschnitt an seinem Fuße fest, was gleichbedeutend ist mit dem Querschnitt eines schmiedeeisernen Zahnes an seinem Zahnrand. Unter Bezugnahme auf die soeben durchgeführte Berechnung der inducirten Zähne ist der Umfang des ganzen Zahnrandes rings um den Anker herum

$$= a \cdot \pi$$
$$= 50 \text{ cm,}$$

also Breite eines Zahnes + Nute oben gemessen

$$= \frac{50}{30} = 1,67 \text{ cm;}$$

nun ist

$$s = 0,5 \text{ cm,}$$

also Breite eines Zahnes oben $= 1,17$ cm.

Folglich Gesammtquerschnitt im kurzen Luftraum

$$q = 26 \cdot 8,1 \cdot 1,17$$
$$= 305 \text{ cm}^2.$$

Da die Luftkurve eine Grade ist und durch den Nullpunkt des Koordinatensystems geht, genügt ein Punkt zur Konstruktion derselben. Es ist z. B. bei $20 \cdot 10^5$ Kraftlinien

$$A\,W = 20 \cdot 10^5 \cdot \frac{0,8 \cdot 0,8}{305}$$
$$= 4200 \text{ Ampère-Windungen.}$$

Die Kurve ist auf dem folgenden Kurvenblatt mit a bezeichnet. Es ist, wie oben auseinandergesetzt, nun zunächst die Addition der Abscissenwerthe der Kurven a und b auszuführen. Wir erhalten so die Kurve c, deren Bedeutung oben klar gestellt ist. (Kurve VII.)

Langer Luftraum (Raum zwischen Nutenboden und Polschuh, oben und auf der folgenden Tafel ist die Kurve mit d bezeichnet).

Die Berechnung ist nach dem Vorhergehenden klar; es ist Gesammtquerschnitt

$$= 8,1 \cdot 0,5 \cdot 26,0$$
$$= 105 \text{ cm}^2,$$

während die Länge des Kraftlinienweges $= 2\,t + (m - a) = 2,8$ cm beträgt.

Ein Punkt mit dem Ordinatenwerth $K = 2{,}0 \cdot 10^5$ hat den Abscissenwerth

$$A\,W = 2{,}0 \cdot 10^5 \cdot \frac{0{,}8 \cdot 2{,}8}{105}$$

$$= 4\,250 \text{ Ampère-Windungen.}$$

Wir konstruiren also mit diesem Punkte die Kurve (gerade Linie) d. (Kurve VII.)

Hierauf müssen wir, wie oben des näheren beschrieben, die zu gleichen Abscissenwerthen gehörenden Ordinatenwerthe von c und d addiren und erhalten so die Kurve e.

Wir haben nun für den Anker die Kurve a, für den Raum zwischen Anker und Polen die Kurve e; für das Magnetgestell ist die Neuberechnung der Magnetisirungskurve, wie schon oben bemerkt, nicht erforderlich, da wir die im vorigen Beispiel III erhaltene Kurve für den Gufskörper unverändert herübernehmen können; bezeichnen wir letztere mit f, so erhalten wir jetzt durch Addition der zu gleichen Ordinatenwerthen gehörenden Abscissenwerthe der Kurven a, e und f die Magnetisirungskurve der Nutenankermaschine, siehe Kurve VII.

Wir wollen hieran noch einige Betrachtungen knüpfen. Ein Blick auf die beiden letzten Kurven VI und VII zeigt uns, dafs die Kurven für das Schmiedeeisen (sowohl die Ankerkurve als auch in noch höherem Mafse die Zahnkurve) einen nur ganz verschwindenden Einflufs auf den Verlauf der resultirenden Magnetisirungskurve der Dynamo haben. In gleichem Mafse ist auch die Kurve des langen Luftraums wirkungslos. Würden wir nur die Kurve a für den kurzen Luftraum (oder beim glatten Anker für den ganzen Luftraum) und die Kurve f für den Gufskörper konstruirt und addirt haben, so hätten wir fast das gleiche Resultat und zwar auf bedeutend einfacherem Wege erreicht. Ein Vergleich der resultirenden Magnetisirungskurven VI und VII bestätigt, wie wenig Einflufs die veränderte Disposition des Ankers und Luftraums ausübt. Auf Grund dieser Erfahrung werden wir bei der Konstruktion von Magnetisirungskurven das Schmiedeeisen und die Nutendisposition vollständig vernachlässigen, ohne dabei einen praktisch grofsen Fehler zu begehen.

Was können wir nun zunächst aus den bisherigen Betrachtungen für den zweckmäfsigen magnetischen Aufbau der Maschine ent-

nehmen? — Bei der Konstruktion der Maschine müssen wir so vorgehen, dafs die Magnetisirungskurve nicht zu weit nach rechts
herausgerückt wird; denn dadurch
wird der Abscissenwerth, die Anzahl der auf den Schenkeln zur
Erregung aufzuwendenden Ampère-
windungen leicht zu grofs; man
betrachte nebenstehende Kurven;
bei Kurve a genügen, um $30 \cdot 10^5$
Kraftlinien zu erzeugen, schon 3000
Ampèrewindungen, bei Kurve b

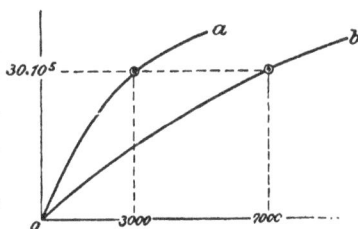
Fig. 12.

sind zu demselben Ordinatenwerth 7000 Ampèrewindungen nöthig.
Eine Maschine soll aber so konstruirt sein, dafs sie möglichst
wenig Energie zur Erregung des magnetischen Feldes verbraucht;
denn je gröfser derjenige Procentsatz der ganzen Leistung der
Maschine ist, welcher zu ihrer Magnetisirung verbraucht wird
(innerer Energieverlust), um so geringer ist der Wirkungsgrad der
Maschine, wenn man nicht die Wickelräume der Spulen vergröfsert.

Wie aus den Berechnungen der verschiedenen Kurven, welche
wir konstruirt haben, ersichtlich war, hat der Luftzwischenraum
einen grofsen Einflufs auf die Gestalt der resultirenden Magnetisirungskurve; ein geringerer Abstand der Pole vom Ankereisen
verschiebt unter sonst gleichen Verhältnissen die Resultirende
nach links, weil die Abscissenwerthe der Luftkurve kleiner sind,
ein gröfserer Abstand wegen der gröfseren Abscissenwerthe der Luftkurve nach rechts. Nun hat aber andererseits eine zu enge Polschuhbohrung mechanische Bedenken; denn es ist Gefahr vorhanden,
dafs bei nicht streng genauer Centrirung des Ankers derselbe an
den Flächen der Pole reibt; ferner kann dadurch die Rückwirkung
der Ankerströme, wie wir sehen werden, auf das schwache magnetische Feld eine praktisch zu grofse werden, es werden Bürsten-
funken auftreten und eine Verstellung der Bürstenbrille wird nöthig
werden; so darf man weder in einer noch der anderen Richtung
zu weit gehen.

Einer weiteren Forderung der Konstruktion sei hier gedacht;
die Maschine soll genügend, aber kein überflüssiges Eisen enthalten,
um sie dem Gewicht nach so leicht als möglich herstellen zu
können, z. B. eine bekannte Forderung der Marinebehörden. Hat
man nun die Zahlen 18000 und 11000 für die maximale Kraft-

liniendichte des Schmiede- resp. Gußeisens zu Grunde gelegt, so
ergibt sich daraus, daß, wenn der Querschnitt des Schmiedeeisens im Anker $= q_a$ ist, der Querschnitt der Polschuhe und des
ganzen Magnetgestells

$$q_s = \frac{18\,000}{11\,000} \cdot q_a = 1,635\,q_a$$

sein muß.

Ist dies der Fall, so haben die beiden Eisensorten stets einen
gleichen Sättigungsgrad σ (siehe vorn).

Ein Beispiel zeige dies deutlicher. Der

Ankerquerschnitt sei $q_a = 100$ cm²
Polschuhquerschnitt $q_s = 1,635 \cdot 100 = 163,5$ cm².
Dann ist im Anker $K_M = 18\,000 \cdot 100 = 18 \cdot 10^5$.
im Polschuh $K_M' = 11\,000 \cdot 163,5 = 18 \cdot 10^5$.

Die Kraftlinienmaxima sind also ganz gleich, es wird stets der
gleiche Sättigungsgrad in beiden Eisensorten herrschen. Eine
andere Erfahrung lehrt uns nun aber, daß wir uns nicht zu
scheuen brauchen, den Sättigungsgrad des Gußeisens höher zu
nehmen, als den des Schmiedeeisens. Die Kraftlinien behalten im
Gußeisen unveränderlich ihre Lage im Raume bei, eine magnetische
Reibung, welche Wärme erzeugt und Kraft konsumirt kann daher
nicht eintreten. Wohl ist dies aber bei dem Schmiedeeisen des
Ankers der Fall. Dieser rotirt um seine Achse, so daß die Kraftlinien fortwährend relativ ihre Richtung ändern. Dadurch entsteht
Wärme und Kraftverlust, und zwar ist dieser Kraftverlust und die
Erwärmung abhängig von dem Sättigungsgrade des Eisens. Wir
wollen also unseren späteren Konstruktionen die Anschauung
zu Grunde legen, daß der Anker etwas geringeren Sättigungsgrad
als das Gußeisen haben soll, und normiren diese Beziehung in
der Formel:

$$q_s = 1,5 \cdot q_a$$

Wenn der Kraftlinienverlust durch magnetische Streuung, das
heißt durch schädliche magnetische Nebenschlüsse zum Ankereisen, durch welche den Kraftlinien theilweise ein Weg von Pol zu
Pol ohne Durchsetzung des Ankereisens geboten wird, nicht zu
groß ist, so wird man mit dieser Formel stets gute Resultate erhalten und vor allem Maschinen konstruiren, welche die Grenz-
werthe in Bezug auf Leichtigkeit darstellen.

Wir wollen nun, zunächst für das zweipolige Modell, einige Formeln aufstellen, welche die Konstruktion der magnetischen Verhältnisse festlegen nach den bisher auseinandergesetzten Anschauungen. Hierbei ist der Ankerdurchmesser $= a$, Länge $= b$.

Trommelanker mit Nuten.

Tiefe der Nute $\qquad t = 0{,}1\,a$ } es sind dies erfahrungs-
Durchmesser der Achse $p = 0{,}3\,a$ } gemäfs gute Werthe.

$\qquad$ Ankerquerschnitt $\quad q_a = (a - 2\,t - p) \cdot b = 0{,}5\,a \cdot b$

$\qquad$ Schenkelquerschnitt $q_s = c \cdot b = 0{,}5\,a \cdot b \cdot 1{,}5$

$\qquad$ Polschuhhöhe $\qquad c = 0{,}75\,a$

$\qquad$ Centriwinkel $\qquad \varphi = 97^{\circ}.$

Für die Länge des Ankers ist ein guter Werth

$$b = 1{,}6\,a,$$

doch ist hier in der Wahl der Anker- resp. Polschuhlänge vollständig freie Hand gelassen; zu grofse Werthe von b wird man nicht wählen aus maschinentechnischen, manchmal auch ästhetischen Gründen.

Trommelanker ohne Nuten.

Bei dem Nutenanker hatten wir den Ankerwickelraum auf eine Tiefe von $t = 0{,}1\,a$ normirt. In gleicher Weise können wir hier, da die Wicklung über die g a n z e Oberfläche des Ankers vertheilt ist und dieselbe voll ausnützt, eine Tiefe von

$$\frac{t}{2} = 0{,}05\,a$$

annehmen. Dann ist der Durchmesser des fertig gewickelten Ankers

$$a_1 = a + t = 1{,}1\,a.$$

Wir erhalten weiter

$$q_a = (a - p) \cdot b = 0{,}7\,a$$
$$q_s = 1{,}5\,q_a = c \cdot b$$
$$c = 1{,}05\,a.$$

Dann wäre der Centriwinkel

$$\varphi = 2\,\mathrm{arc\,sin}\,\frac{c}{m} = 141^{\circ}.$$

Dieser Werth ist ein zu hoher. Wie die Figuren zeigen, wird durch zu hohe Werthe von φ die sogenannte neutrale Zone des

Ankers, innerhalb welcher die durch eine Ankerwindung tretende
Anzahl von Kraftlinien

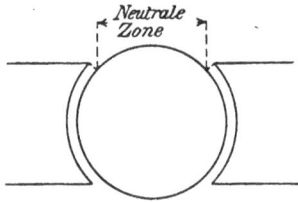

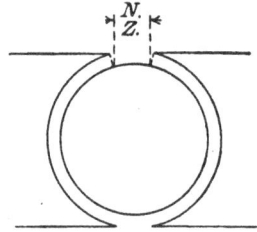

Fig. 13.   Fig. 14.

konstant bleibt, ungünstig beeinflußt, dieselbe wird mit wachsenden
Werthen von $\measuredangle\, \varphi$ kleiner. Wir werden später noch sehen, welche

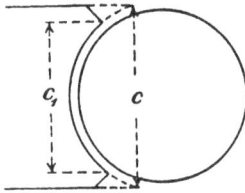

Fig. 15.

Wirkung auf den funkenlosen Lauf der
Maschine dieser Umstand hat. Außerdem
wird die Möglichkeit, daß die Kraftlinien
von einer Polspitze zur anderen, ohne
durch das Ankereisen zu gehen, über-
springen, größer bei größeren Werthen des
Centriwinkels. Eine zweckmäßige Hilfe
gegen diesen Übelstand besteht darin,
daß man die Spitzen der Polschuhe (siehe Figur 15) so weit ab-
meißelt, daß

$$\varphi = 2\ \mathrm{arc}\ \sin\left(\frac{c_1}{1,1\,a}\right) = 97^0$$

wird, also

$$c_1 = 1,1\,a \cdot \sin\frac{97^0}{2} = 0,825\,a.$$

Wir normiren also für den Trommelanker ohne Nuten
$$a_1 = 1,1\,a$$
$$c_1 = 0,825\,a$$
$$c = 1,05\,a$$
$$\measuredangle\, \varphi = 97^0.$$

Ringanker.

Durchmesser der Achse $p = 0,2\,a$
Durchmesser der Nabe $p_1 = 0,3\,a$
Innerer Ankerdurchmesser $a_1 = 0,5\,a.$
Im übrigen die Dimensionen der Nutentrommelmaschine.

Die übrigen Dimensionen der zweipoligen Maschinen ergeben sich aus dem Raume, welchen man für die Schenkelwicklung anwenden will; es ist klar, daſs je mehr Windungen auf den Polen angebracht sind, um so weniger Strom zur Erregung gebraucht

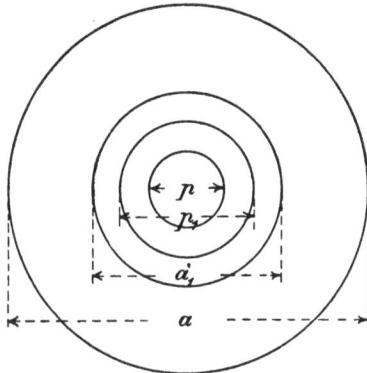

Fig. 16.

(denn die magnetisirende Kraft ist $=$ Ampère‑Windungen) und um so besser der Wirkungsgrad sein wird. Unter welchen Annahmen man den Raum für die Schenkelwicklung bestimmt, werden wir später sehen.

Fragt man nun, was die so in ihrer Eisenkonstruktion fertig gestellte Maschine leistet, so gibt die Antwort darauf zunächst ihre Magnetisirungskurve: sie leistet bei einer bestimmten Anzahl Ampère-Windungen eine bestimmte Anzahl Kraftlinien. Den Zusammenhang zwischen Kraftlinienleistung und Gröſse der Maschine einerseits und Leistung in Volt, Ampère und Tourenzahl anderseits finden wir im nächsten Kapitel, in welchem wir den elektrischen Beziehungen näher treten werden. Hier möge zunächst noch einiges über den Kraftlinienverlauf in anderen Typen Platz finden zur Erklärung des Berechnungsganges für die Magnetisirungskurve. Man kann unterscheiden zwischen Maschinentypen mit einem einzigen ungetheilten magnetischen Stromkreis und solchen mit parallel geschalteten. Für die ersteren ist die oben von uns als Grundlage unserer Rechnungen benutzte »Hufeisentype« das Vorbild; für die anderen ist die Konstruktion von Kapp, Deutsche Elektrizitätswerke zu Aachen, Allgemeine Elektrizitätsgesellschaft in Berlin, typisch. Bei diesen Maschinen mit doppeltem (parallel geschaltetem)

Stromkreis bietet der Gufskörper den Kraftlinien zwei Wege dar; es ergibt sich daraus, wenn in den Schenkeln, der Joch- und der Grundplatte derselbe Sättigungs-

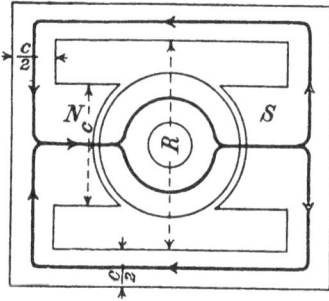

Fig. 17.

grad herrschen soll wie in den Polschuhen, für die magnetische Konstruktion, wenn die Höhe der Polschuhe $= c = 0,75\ a$ ist, Dicke der Schenkel, der Joch- und Grundplatte $= \frac{c}{2} = 0,38\ a$ beim Nutenanker und Ringanker, und $= \frac{c}{2} = 0,53\ a$ beim glatten Trommelanker. Die innere Höhe der Maschine macht man am zweckmäfsigsten $R = b$.

Der magnetische Widerstand des Gufskörpers bleibt also hier derselbe wie bei der Maschine mit Hufeisenmagnet, wenn die beiden parallelen Zweige jeder einen halb so grofsen Querschnitt haben, als beim Hufeisenmagnet der eine einzige Zweig. Die deutlichste Analogie findet sich im elektrischen Stromkreise. Habe ich einmal den Stromkreis bestehend aus dem Widerstande W,

Fig. 18.

das andere Mal aus den beiden parallelen Widerständen $2\ W$, so erhalte ich bei gleicher E. M. K. die gleiche Stromstärke; denn es ist

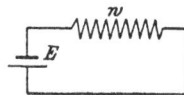

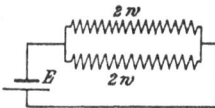

$$1)\ J = \frac{E}{W};$$

$$2)\ J = \frac{E}{\dfrac{4\ W \cdot W}{2\ (W + W)}} = \frac{E}{W}.$$

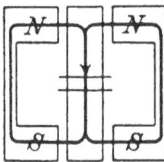

Fig. 19.

Einen besonderen allerdings zu der Klasse der Maschinen mit 2 parallelen magnetischen Kreisen gehörenden Aufbau zeigt die Type der Firma Schuckert & Co., Nürnberg. Hier ist aber die Zweitheilung des Gufseisenkörpers auch auf die Polschuhe ausgedehnt, wie die Figur zeigt. Näher darauf einzugehen ist für den vorliegenden Zweck nicht lohnend, da wir unsere Rechnungen und Konstruktionen durchweg an der einfachsten Type, der Huf-

eisenmaschine, durchführen wollen und andere Konstruktionen
nur, in soweit interessante Abweichungen im magnetischen oder
elektrischen Aufbau vorliegen, erwähnen.

Wir wollen diese Betrachtungen nicht schliefsen, ohne einen
Blick auf den magnetischen Stromkreis
mehrpoliger Maschinen geworfen zu
haben; doch dürften diese Beziehungen
nach dem Vorhergehenden wohl klar
sein; die Skizze stellt, wie ersichtlich,
eine 4-polige Maschine mit Kraftlinienverlauf dar. Man unterscheidet 4 zu
einander parallele magnetische Stromkreise in den Schenkeln und im Anker,
während in den Polschuhen sich je
2 Kraftlinienkreise vereinigen. Die Berechnung der Magnetisirungskurve ge-
schieht am besten in folgender Weise: man theilt die Maschine

Fig. 20.

durch die punktirte Linie in 2 gleiche und ähnliche Hälften,
und berechnet die Kurve für eine Hälfte; alsdann werden Ordinaten
und Abscissen mit 2 multiplicirt. Der Weg der Kraftlinien im
Anker ist beim glatten Trommelanker

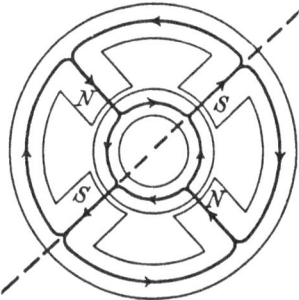

$$l = \frac{a-p}{2} + \frac{a+p}{8} \cdot \pi,$$

beim Nutenanker

$$l = \frac{a-p-2t}{2} + \frac{a+p-2t}{8} \cdot \pi;$$

der Querschnitt ist natürlich derselbe wie bei dem zweipoligen
Maschinenmodell,

$$q_a = (a-p)\,b$$
$$\text{resp. } q_a = (a-2t-p)\,b.$$

Es ist ferner wieder $\sphericalangle \varphi = \text{arc sin } \frac{c}{m}$.

Nach unseren obigen Anschauungen ergeben sich als gute
Dimensionen:

Trommelanker mit Nuten.

Durchmesser des gezahnten Ankers . . . . a
Durchmesser des Loches im Anker (für eine magnetisch
zu isolirende Buchse, auf welche die einzelnen Anker-
scheiben aufgesetzt werden) . . . . $p = 0,5\,a$

Tiefe der Nute . . . . . $t = 0{,}1\,a$

Querschnitt Anker . . . . $q_a = 0{,}3\,a \cdot b$

Querschnitt Polschuhe . . . $q_s = c \cdot b = 0{,}3 \cdot b \cdot 1{,}5$

Höhe der Polschuhe . . . $c = 0{,}45\,a$

Dicke des Mantels . . . . $d = \dfrac{c}{2} = 0{,}225\,a$

Centriwinkel . . . . . . $\varphi = 2 \arcsin \dfrac{c}{a} = 2 \arcsin 0{,}45$

$$= 53{,}5^{0}.$$

Die Dimensionen für Ringanker ohne Nuten und Trommelanker ohne Nuten sind hiernach unter möglichster Anlehnung an den Winkel $\varphi = 53{,}5^0$ wohl klar; ebenso dürfte es jetzt wohl leicht sein, von dem magnetischen Aufbau der sechs- und mehrpoligen Maschinen die richtige Anschauung zu gewinnen.

Wir kommen nunmehr zu dem zweiten Theile unserer Betrachtungen, welcher die elektrischen Beziehungen der Dynamomaschine behandelt.

II. Elektrische Beziehungen.

Bekanntlich wird die elektromotorische Kraft des Ankers der Dynamomaschine durch die Rotation der auf demselben aufgewickelten Kupferwindungen im Kraftlinienfelde erzeugt, und zwar ist die erzeugte E. M. K. proportional der Anzahl der Kraftlinien, der Anzahl der Windungen und der Tourenzahl, sowie der Anzahl der Pole, an denen der Anker vorbeirotirt. Wir setzen die Kenntniss dieser Vorgänge voraus und gehen deshalb zu der allgemeinen Formel über:

$$\text{E. M. K.} = \frac{2\,m_a \cdot K_a \cdot T \cdot P}{D \cdot 60 \cdot 10^8} \text{ in Volt für Trommelanker}$$

und $\text{E. M. K.} = \dfrac{m_a \cdot K_a \cdot T \cdot P}{D \cdot 60 \cdot 10^8}$ für Ringanker,

da bei diesen letzteren durch die Ebene einer Ankerwindung nur die Hälfte der Kraftlinien gehen.

Hierin bedeutet

m_a die Anzahl der Ankerwindungen

K_a die Anzahl der Kraftlinien

T Tourenzahl

P Anzahl der Pole

D Anzahl der parallelen Abtheilungen des Ankers.

Nun ist aber das Verhältnis der wirklichen Kraftlinienzahl in der Maschine zu der maximalen gleich dem Sättigungsgrad, also:

$$\frac{K_a}{K_M} = \sigma,$$

folglich $\qquad K_a = \sigma \cdot K_M,$

ferner ist $\qquad K_M = c \cdot b \cdot 11\,000,$

wie wir oben des öftern erörtert haben; demnach ist

$$K_a = c \cdot b \cdot 11\,000 \cdot \sigma$$

und

$$\text{E. M. K.} = \frac{m_a \cdot c \cdot b \cdot 11\,000 \cdot \sigma \cdot T \cdot P}{D \cdot 30 \cdot 10^8}$$

oder in anderer Form

$$m_a = \frac{\text{E. M. K} \cdot D \cdot 30 \cdot 10^8}{c \cdot b \cdot 11 \cdot \sigma \cdot T \cdot P}.$$

Augenscheinlich dient uns diese Formel dazu, die Anzahl der Ankerwindungen zu berechnen für eine bekannte und gegebene Spannung (E. M. K.) und Tourenzahl, nachdem wir das Eisengestell der Maschine konstruirt haben, uns also c, b und die Anzahl der Pole P bekannt sind, und nachdem wir uns für den Werth von D bei mehrpoligen Maschinen entschieden haben. Für zweipolige Gleichstrommaschinen ist D natürlich stets $= 2$, für 4 polige kann $D = 2$ und $D = 4$ sein u. s. w.

Aufserdem müssen wir den Faktor σ kennen, das heifst wir müssen den Sättigungsgrad wählen, mit welchem wir das Eisen unserer Maschine beanspruchen wollen. Wir werden auf die günstigsten Werthe dieses Sättigungsfaktors erst später zu sprechen kommen können, da hierzu noch einige Grundlagen nöthig sind. Ist nun unsere Maschine, für welche wir den Werth m_a soeben bestimmt haben, eine Trommel- oder Ringankerdynamo ohne Nuten, so haben wir zunächst den Durchmesser des nackten Kupferdrahtes, der zur Wicklung des Ankers verwendet werden soll, zu bestimmen. Es richtet sich dieser Durchmesser, oder allgemein ausgedrückt (da nicht immer runder Draht verwendet wird) der Querschnitt, naturgemäfs nach der Anzahl von Ampère, welche durch die Ankerwicklung gehen sollen; jedoch wäre es thöricht, sich die Berechnung zu leicht zu machen, indem man einfach eine bestimmte Anzahl Ampère auf 1 mm^2 Querschnitt rechnet. Die Erwärmung des Ankers hängt aufser von 2 anderen Ursachen ab: von der Ventilation im Innern der Maschine und von dem nutzlosen

Energieverluste, der dadurch entsteht, daſs der elektrische Widerstand der Ankerbewicklung eine gewisse Anzahl Voltampère ver-
zehrt.[1]) Diese Anzahl Voltampère durch geeignete Wahl des elektrischen Ankerwiderstandes zu der ventilirenden, Wärme ausstrahlenden Oberfläche des Ankers in ein passendes Verhältniss zu
setzen, ist der geeignete Weg, den Querschnitt des Ankerdrahtes
zu bestimmen. Wenn die soeben erwähnten zwei anderen Ursachen, welche die Ankererwärmung veranlassen, nämlich die magnetische Reibung oder Hysteresis und die Wirbelströme im Eisen
des Ankers, auf das richtige Maſs reducirt sind durch geeignete
Wahl des Sättigungsgrades, der Tourenzahl und der Anzahl der
Pole, so erhält man zufriedenstellende Werthe unter der Annahme,
daſs Ankerverlust (in Watt ausgedrückt) = 0,1 · Ankeroberfläche
(in cm² ausgedrückt). Entwickeln wir aus dieser Beziehung eine
mathematische Formel für den Querschnitt des Ankerdrahtes.

Der durch den im Widerstande des Ankers W_a flieſsenden
elektrischen Strom J_a bedingte Verlust an Voltampère ist $J_a{}^2 \cdot W_a$;
unter der Wärme ausstrahlenden Oberfläche des Ankers verstehen
wir kurzweg seine gesammte Oberfläche, ob bewickelt oder nicht.

Wir wollen nun im folgenden die Rechnung zunächst für
Trommelanker ganz allgemein durchführen.

$$J_a{}^2 \cdot W_a = 0,1 \cdot O.$$

Die Oberfläche des Trommelankers setzt sich zusammen aus
dem Kreisinhalte der beiden Grundflächen und dem Rechtecks-
inhalt des Mantels des Cylinders,

$$J_a^2\, W_a = 0,1 \left(\frac{a^2 \pi}{2} + a \cdot b \cdot \pi \right).$$

Nun ist

$$W_a = \frac{0,018 \; m_a \cdot l_a}{D^2 \cdot q},$$

wo l_a die Länge einer Ankerwindung von der einen Kollektor-
lamelle bis zur benachbarten in Metern ausgedrückt, D wie oben
die Anzahl der parallelen Ankerabtheilungen und q den Querschnitt
des Ankerdrahtes in mm² bedeuten. Nach einer empirischen
Formel ist

$$l_a = 2\,b + \frac{6,4}{P} \cdot a,$$

[1]) Siehe auch E. T. Z. 1893 »Experimentelle und theoretische Untersuchungen an Dynamomaschinen« von Ernst Schulz.

wo P Anzahl der Pole bedeutet, also

$$J_a^2 \cdot \frac{0{,}018 \cdot m_a \cdot \left(2\,b + \dfrac{6{,}4}{P} \cdot a\right)}{D^2 \cdot q} = 0{,}1 \left(\frac{a^2\,\pi}{2} + a\,b\,\pi\right)$$

oder

$$q = J_a^2 \frac{0{,}018\,m_a \cdot 2\left(b + \dfrac{3{,}2}{P}\,a\right)}{D^2 \cdot 0{,}1 \cdot a\,\pi\left(\dfrac{a}{2} + b\right)}$$

Wie schon oben gesagt, ist l_a also der Klammerwerth

$$\left(b + \frac{3{,}2}{P} \cdot a\right)$$

in Metern, alles übrige in Centimetern auszudrücken, man erhält dann q in mm². Zu dem empirischen Werthe

$$l_a = 2\,b + \frac{6{,}4}{P} \cdot a$$

ist noch zu bemerken: derselbe gilt streng nur, wenn der Kollektor ziemlich nahe am Anker, also 2 bis 3 cm entfernt sitzt; anderenfalls ist für 6,4 eine höhere Zahl zu wählen, die man aus einigen Kontrollmessungen mit der Brücke bald findet, oder für b ist die genaue Entfernung von Kollektorende bis Ankerende einzusetzen.

Für Ringanker ist

$$l_a = 2\,b \left(\frac{a - a_1}{2}\right) \cdot 3{,}2$$

als empirischer Werth brauchbar, so daß

$$q = J_a^2 \cdot \frac{0{,}018 \cdot m_a \cdot 2\left(b + 1{,}6\,\dfrac{a - a_1}{2}\right)}{D^2 \cdot 0{,}1\left(\dfrac{a^2 - a_1^2}{2} \cdot \pi + (a + a_1)\,\pi\,b\right)}$$

da die Oberfläche des Ringankers sich aus dem inneren und äußeren Cylindermantel und dem vorderen und hinteren Rand zusammensetzt. Den Drahtquerschnitt eines Ringankers höher zu beanspruchen als den eines Trommelankers halte ich nicht für zweckmäßig, da kaum einzusehen ist, inwiefern ein Ringanker besser ventilieren soll, als eine Trommel.

Wir haben nunmehr in vereinfachter Form: für den Trommelanker

$$q = J_a^2 \cdot \frac{0{,}115 \cdot m_a \left(b + \dfrac{3{,}2}{P} \cdot a\right)}{D^2 \cdot a \left(\dfrac{a}{2} + b\right)}$$

für den Ringanker

$$q = J_a^2 \cdot \frac{0{,}115 \cdot m_a\,(b + 8\,[a - a_1])}{D^2 \cdot (a + a_1)\left(\dfrac{a - a_1}{2} + b\right)}$$

wo jedesmal der Klammerwerth des Zählers in Metern auszudrücken ist!

Haben wir so den Querschnitt gefunden, so steht es uns
natürlich frei, einen runden Kupferdraht, oder mehrere Kupfer-
drähte parallel, oder bei hohen Stromstärken Quadrat- und Flach-
kupfer zu wählen; wir müssen bei Ankern ohne Nuten, wo die
Wicklung also auf dem Eisen liegt, darauf bedacht sein, die ganze
Oberfläche in zweckmäfsigster Weise auszunutzen.

Bei Ankern mit Nuten kommt die wichtige und un-
erläfsliche Forderung hinzu, die Nuten magnetisch richtig
zu dimensioniren. Man möge, was die Tiefe der Nute
betrifft, zweckmäfsig sich nicht allzuweit von dem Werthe
$t = 0{,}1\,a$ entfernen; ebenso darf die Breite einer Nute eine
gewisse Grenze nicht überschreiten, welche ihr dadurch
gezogen wird, dafs die Kraftlinien, welche ja ihrer Haupt-
sache nach durch die Zähne treten, pro cm² eine gewisse
Zahl nicht überschreiten sollen. Wir wollen annehmen, wie dies
als praktischer Werth erprobt ist, dafs die Anzahl der Kraftlinien
pro cm² des inducirten Zähnequerschnittes, das heifst also der
Summe der Querschnitte aller Zähne, welche innerhalb der Schenkel
des Centriwinkels φ liegen, den Werth

$$0{,}9 \cdot 18\,000 = 16\,200$$

erreichen darf; hierbei wird mit einer geringen Ungenauigkeit zur
Vereinfachung der Rechnung angenommen, dafs sämmtliche Kraftlinien durch die Zähne gehen; thatsächlich gehen auch ver-
schwindend wenige durch den „langen Luftraum". Drücke ich
nun mit K_{Mz} das Kraftlinienmaximum der Zähne aus, so ist

$$K_{Mz} = 18\,000 \cdot \frac{m_z \cdot \varphi}{360} \cdot b \cdot \left(\frac{a - 2\,t}{m_z} \cdot \pi - s_M\right)$$

wo $m_z =$ Anzahl der Zähne oder Nuten $s_M =$ maximale Nutenbreite ist.

Nun ist ferner nach obiger Anschauung

$$K_{Mz} \cdot 0{,}9 = K$$

und

$$K = K_M \cdot \sigma$$

also

$$K_M \cdot \sigma = K_{Mz} \cdot 0{,}9$$

$$K_{Mz} = \frac{K_M \cdot \sigma}{0{,}9}$$

folglich

$$K_{Mz} = \frac{b \cdot c \cdot 11000 \cdot \sigma}{0{,}9}$$

folglich

$$\frac{b \cdot c \, 11000 \cdot \sigma}{0{,}9} = \frac{18000 \cdot m_z \cdot \varphi \cdot b}{360} \left(\frac{a - 2\,t}{m_z} \cdot \pi - s_M \right)$$

und daraus

$$s_M = \frac{\pi}{m_z} \left[a - 2\,t - \frac{78 \cdot \sigma \cdot c}{\varphi} \right]$$

als Werth der maximal zulässigen Nutenbreite zu berechnen. Wenn man nun nach den obigen Formeln die Anzahl der Ankerwind- ungen, den Querschnitt derselben berechnet und die Nutenzahl und Tiefe projektirt hat, so hat man sich zu überzeugen, ob die durch den Querschnitt des Drahtes bedingte Breite s der Nute nicht etwa den oben in eine Formel gebrachten Maximalwerth s_M überschreitet. Ist dies der Fall, so muſs man m_a oder m_z, und damit σ und den Querschnitt ändern, eventuell den ganzen Anker anders konstruiren, bis eine entsprechende Anordnung ge- funden. In eine Formel läſst sich diese Nutenanordnung und be- kanntlich auch die Gröſse des Anker-Durchmessers nicht bringen, obwohl schon von vielen Seiten Versuche dazu gemacht wurden.

Hiermit wäre die Ankerwicklungsberechnung einer Dynamo- maschine erledigt; bevor wir zur Schenkelwicklung übergehen, noch einiges über die Kollektoren und über die praktische Aus- führung der Ankerbewicklung.

Kollektoren: die Anzahl der Lamellen, aus welchen der Kol- lektor besteht, richtet sich nach der Spannung, welche zwischen

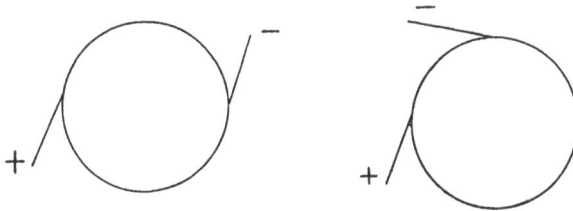

Fig. 22.

der positiven und negativen Bürste herrscht. Es sollte in keinem Falle zwischen 2 benachbarten Lamellen eine Spannungsdifferenz herrschen, die gröfser als 20 Volt ist. Diese Regel möge man für hochgespannte Maschinen beherzigen; für niedrig gespannte Maschinen gilt, was schon Thompson sagte, dafs die Anzahl der Ankerspulen (oder was gleichbedeutend ist, der Kollektortheile) so grofs sein mufs, dafs praktisch keine Schwankungen in der Gesamt-E. M. K. entstehen, wenn die E. M. Ke der einzelnen Spulen sich addiren. Man wird praktisch nicht unter 12 Kollektortheile heruntergehen.

Bedingt wird die Anzahl der Lamellen auch noch durch den Werth von m_a, der Ankerwindungszahl. Wenn ich auf einem zweipoligen Anker 24 Windungen habe, so kann ich diese nur durch einen 12 oder 24 theiligen Kollektor verbinden; die Anwendung eines 18 theiligen ist sehr zu widerrathen; siehe Fig. 23. Die Folge

Fig. 23.

dieser Schaltungsart ist ungleichmäfsige Beanspruchung der Lamellen beim Kurzschlufs durch die darüber gleitenden Bürsten.

Die Lauffläche (Länge) eines Kollektors richtet sich nach der Leistung der Maschine in Ampère, und sollte bei Anwendung guter Bürsten mit breiter Auflagefläche und einer höchsten Umfangsgeschwindigkeit von 10 m pro Sekunde mindestens 1 mm für drei Ampère betragen. Wie eben angedeutet, richtet sich der Durchmesser des Kollektors nach der Tourenzahl der Maschine, und nach der Abnutzung, welcher das betreffende Metall unterworfen ist.

Ankerwicklungsarten: Wir verfahren in der bekannten Weise dafs wir uns den Ankercylinder aufgeschnitten und aufgerollt denken, so dafs ein Rechteck entsteht, auf welches wir unsere Wicklung skizziren.

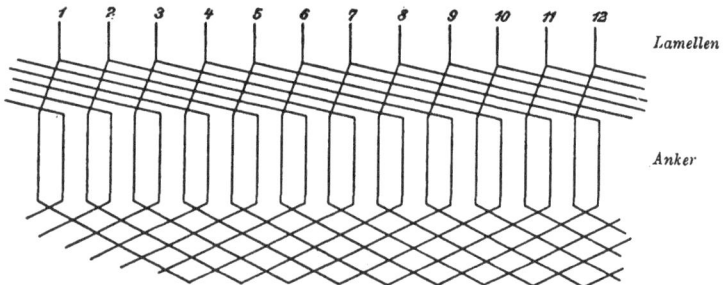

Fig. 24.
Zweipolige Ankerwicklung, $m_a = 12$, 12 Kollektorlamellen.

Wie man sieht, liegt hier zwischen zwei benachbarten Kollektorlamellen je eine Ankerwindung; die erste Windung von links fängt in der ersten Lamelle an, geht um den Anker herum und wird an der Stirnseite des Ankers zur zweiten Lamelle geführt, die zweite Windung sitzt mit dem Anfang in der zweiten Lamelle, mit dem Ende in der dritten u. s. w., die letzte 12. Windung sitzt zwischen der 12. und 1. Lamelle. Wir sehen, daſs dieser Anker aus zwei parallel geschalteten Abtheilungen besteht; es ist in den früheren Formeln also $D = 2$ einzusetzen. Man erkennt die Parallelschaltung am deutlichsten, wenn man sich an zwei gegenüberliegende Lamellen Bürsten angelegt denkt und dann den Stromlauf verfolgt.

Bei zwölf Lamellen kann man nun auch 24 Windungen, 36 Windungen, überhaupt $\psi \cdot$ zwölf Windungen auf dem Anker aufbringen, je nachdem man zwischen zwei Lamellen 2, 3 oder $\psi \cdot$ Windungen legt, wo ψ ein positive ganze Zahl ist. Im allgemeinen lautet also das Gesetz, daſs die Windungszahl eines zweipoligen Ankers ein Vielfaches oder gleich der Anzahl der Kollektorlamellen ist.

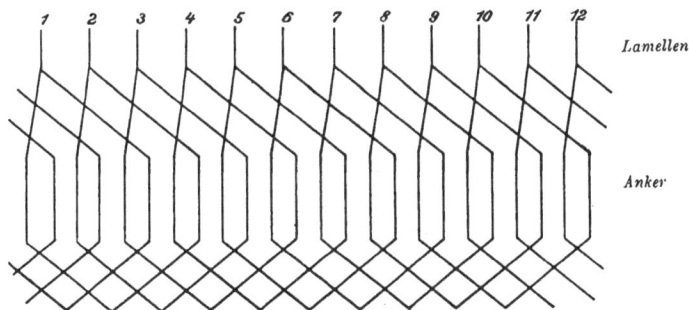

Fig. 25.

Vierpolige Ankerwicklung, $m_a = 12$, 12 Kollektortheile.

Der Unterschied gegen die zweipolige Wicklung ist folgender: von den 3 Kreisen bedeute 1 einen zweipoligen 2 einen vierpoligen und 3 einen sechspoligen Anker (Trommel). Dann stelle man sich eine Windung in richtiger Weise aufgewickelt vor, und verbinde den Anfang A und das Ende E derselben durch Grade mit dem Mittelpunkt des Ankers. Der entstehende Centriwinkel ist 180°

resp. 90° resp. 60°, allgemein ausgedrückt bei einer Maschine mit

$$P \text{ Polen} = \frac{360°}{P}.$$

Wird die vierpolige Ankerwicklung in der angegebenen Weise ausgeführt, so sind zur Stromabnahme 4 Bürsten an 4 je um 90°

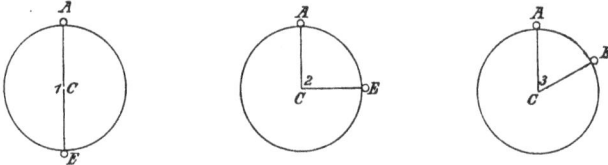

Fig. 26.

von einander entfernten Punkten des Kollektors anzulegen. Man lege z. B. an Lamelle 1, 4, 7, 10 je eine Bürste an, und zwar ist dann 1 und 7 mit gleichem Vorzeichen (+) zu versehen, ebenso 4 und 10 (—). Es ergibt sich dann, wenn man den Stromlauf

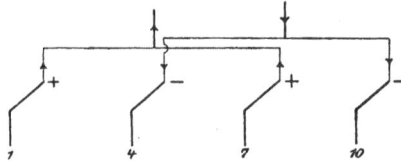

Fig. 27.

verfolgt, daſs der Anker 4 parallel geschaltete Abtheilungen hat. In den betreffenden Formeln wäre also $D = 4$ zu setzen.

Die Anwendung von 4 Bürsten läſst sich bekanntlich sehr einfach vermeiden und die Anzahl derselben sich auf 2 reduciren;

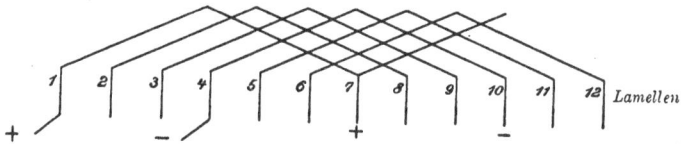

Fig. 28.

man hat nur nöthig, die einander gegenüberliegenden Lamellen mit einander durch einen Kupferdraht zu verbinden, wie in dieser Skizze geschehen ist; dann kann man den Strom entweder bei 1 und 4 oder auch bei 7 und 10 abnehmen, braucht aber in jedem Falle nur noch 2 Bürsten. Die Anzahl der Abtheilungen ist $D = 4$.

Man kann aber einen vierpoligen Anker auch in 2 parallelen Abtheilungen wickeln, und erhält dann folgendes Schema.

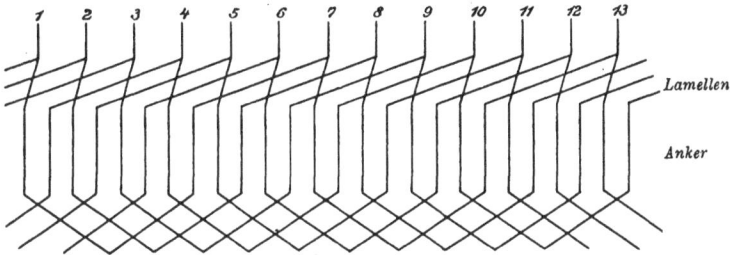

Fig. 29.

Die Bürsten liegen an zwei Stellen des Kollektors, die um 90⁰ von einander entfernt sind, an, also z. B. an Lamelle 1 und Lamelle 4; verfolgt man dann den Stromlauf, so sieht man, dafs $D = 2$ ist.

Auch für die mehrpoligen Maschinen dürften diese Andeutungen wohl genügen. Es sind natürlich noch sehr viele Wicklungsarten möglich, man findet auch in der Praxis mitunter, namentlich bei Nutenankern, recht komplicirte Ankerwicklungen; doch lassen sich alle diese Arten auf die eben besprochenen zurückführen.

Schenkelwicklung: Gegeben sind uns nunmehr die Werthe m_a, T und $\overline{E.\,M.\,K.}$ der Maschine. Daraus ergibt sich

$$K = \frac{\overline{E.\,M.\,K.} \cdot D \cdot 60 \cdot 10^8}{P \cdot 2\, m_a \cdot T}$$

das heifst, um die gewünschte $\overline{E.\,M.\,K.}$ hervorzubringen, ist eine Anzahl Kraftlinien K nötig. Die Magnetisirungskurve der Maschine giebt uns nun Aufschlufs darüber, wie viel Ampère-Windungen zur Erzeugung der Kraftlinienanzahl K nötig ist. Bezeichnen wir die Stromstärke in der Schenkelbewicklung einer Nebenschlufsmaschine, mit i_n, die Anzahl der Windungen auf den Schenkeln mit m_n, so ist die aus der Magnetisirungskurve zu ersehende Ampèrewindungszahl $= i_n \cdot m_n$. Nun ist es sehr leicht, durch Kombination der bekannten Gröfsen den Durchmesser des Nebenschlufsdrahtes zu finden; bezeichnet nämlich l_n die Länge einer mittleren Nebenschlufswicklung, und ist bei der Hufeisentype

$$l_n = 2\,(b + c) + \left(\frac{g}{2} - c\right) \cdot \pi$$

bei der Manteltype mit parallelen magnetischen Kreisen

$$l_n = 2\,(b + c) + \frac{R - c}{2} \cdot \pi$$

etc., so gilt inbezug auf die elektrischen Beziehungen des Nebenschlusses das Ohmsche Gesetz

$$i_n = \frac{E.\,M.\,K}{w_n}.$$

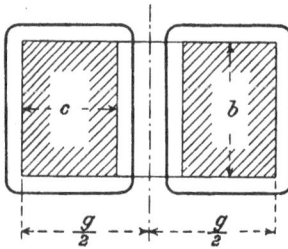

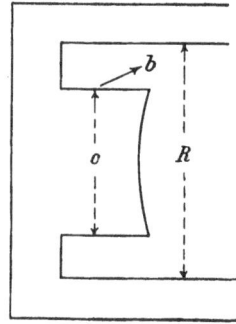

Fig. 30.   Fig. 31.

Bezeichnen wir die $E.\,M.\,K$ mit e und drücken den Widerstand aus durch

$$W_n = \frac{0{,}018 \cdot l_n \cdot m_n}{q},$$

wo q der Querschnitt des anzuwendenden Drahtes in mm² und l_n in Metern gemessen ist, so ist

$$i_n = \frac{e \cdot q}{0{,}018 \cdot l_n \cdot m_n}$$

$$i_n \cdot m_n = \frac{e \cdot q}{0{,}018 \cdot l_n}$$

nun ist

$$q = \frac{\delta_n^2\, \pi}{4}$$

wo δ_n der Durchmesser des Drahtes ist, folglich

$$\delta_n = \sqrt{\frac{i_n \cdot m_n}{e} \cdot \frac{0{,}018 \cdot l_n \cdot 4}{\pi}}$$

oder, wenn wir

$$\sqrt{\frac{0{,}018 \cdot l_n \cdot 4}{\pi}} = C$$

setzen und für $i_n \cdot m_n$ wieder Ampère-Windungen schreiben,

$$\delta_n = C \cdot \sqrt{\frac{A\,W}{e}}.$$

Nun ist jedoch eines zu berücksichtigen: der Werth

$$w_n = \frac{0{,}018 \cdot l_n \cdot m_n}{q}$$

ist der Widerstand des Nebenschlusses bei normaler Temperatur; sobald beim Betriebe der Kupferdraht sich erwärmt, wird der Widerstand steigen; es ist deshalb zu empfehlen, einen schon von vorn herein erhöhten Widerstandswerth anzunehmen: wir erhöhen den Widerstand um 20 %, also

$$W_n = \frac{0{,}018 \cdot l_n \cdot m_n}{q} \cdot 1{,}2$$

so daß

$$C = \sqrt{\frac{0{,}018 \cdot l_n \cdot 4 \cdot 1{,}2}{\pi}}$$

wird.

Wir haben bisher in unseren Betrachtungen die E. M. K. des Ankers als gleichbedeutend mit der Spannung in die Rechnung eingeführt, d. h., wir haben stillschweigend die Voraussetzung gemacht, daß unsere Rechnung sich auf eine mit stromlosem Anker laufende Maschine bezog. Bezeichnen wir nun ferner mit e die Spannung an den Klemmen der Maschine, so ist

$E = e + i_a \cdot W_a$ bei einer Nebenschlußmaschine,

$E = e + i_a \cdot (W_a + W_d)$ bei einer Serien- und Kompoundmaschine,

wenn i_a den im Anker resp. der dicken Wicklung der Schenkel fließenden Strom, W_a und W_d die resp. Widerstände des Ankers und der dicken Wicklung bedeuten.

Danach können wir unsere Grundformel umändern, und zwar erhalten wir

$$K = \frac{(e + i_a \cdot W_a) \cdot D \cdot 60 \cdot 10^8}{2\,m_a \cdot T \cdot P}$$

resp.

$$K = \frac{(e + i_a[W_a + W_d]) \cdot D \cdot 60 \cdot 10^8}{2\,m_a \cdot T \cdot P}$$

resp. die halben Werthe für Ringanker.

Wie ich oben bei dem Nebenschlußwiderstande schon bemerkte, ist es wegen der Erwärmung des Kupfers gut, Sicherheitskoeffizienten zu gebrauchen; wir wollen deshalb, wenn wir mit vorliegenden Formeln zu rechnen haben, einen ebenfalls 20% höheren Werth für die elektrischen Widerstände einführen als sich aus unsern bereits abgeleiteten Formeln ergibt.

Ankerstromrückwirkung: Der Widerstand des Ankers und der dicken Wicklung sind es nicht allein, welche auf unsere Rechnung Einfluß haben; in ganz bedeutendem Maße thun dies auch die Ströme, welche in den Ankerwindungen fließen. Dieselben erzeugen nämlich ein Kraftfeld, welches senkrecht auf dem durch Schenkelampèrewindungen erzeugtem Felde steht. Hierbei kommen wir zu folgenden Betrachtungen: Ist die Maschine nicht mit äußerem Strom belastet, so existirt nur die magnetisirende Kraft des Schenkels, in der Richtung und Größe BA; angreifend im Mittelpunkt des Ankers in B. Dann ergibt sich die Bürstenstellung, welche stets rechtwinklig zur Richtung des Feldes sein muß, in dem Verlauf der punktirten Linie BC.

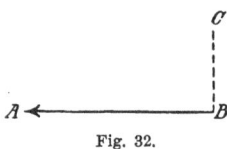

Fig. 32.

Belasten wir jetzt die Maschine mit äußerem Strom, so ergibt sich bei ungeänderter Bürstenstellung eine magnetisirende Kraft der Ankerampèrewindungen in der Richtung und Größe

$$BD' = \frac{i_a \cdot m_a}{D}$$

wo D wieder gleich der Anzahl der parallel geschalteten Ankerabtheilungen ist.

Meistens werden aber bei diesem Versuch, wenn die Maschine nicht eine sehr breite neutrale Zone oder geringe Ankerrückwirkung hat, die Bürsten laut werden.

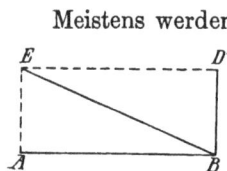

Fig. 33.

Setzt man die Kräfte BA und BD zu der Resultante BE zusammen, so folgt, daß BE größer ist als BA, und thatsächlich bestätigen Versuche diese Betrachtung, indem gefunden wurde, daß bei gleichbleibender Schenkelerregung die Spannung an den Klemmen einer Maschine ohne Bürstenverstellung nicht in dem Maße, wie der Einfluß des Ankerwiderstandes es erfordert hätte, von Vollauf bis zu Leerlauf stieg. Nun ist es aber erforderlich die Bürsten des meistens eintretenden Funkens wegen in ihre richtige Lage rechtwinklig zum resultirenden Felde zu bringen.

Errichtet man über AB einen Halbkreis, schlägt um A mit dem

Radius $\dfrac{i_a \cdot m_a}{D}$

einen Kreis, dessen Peripherie den Halbkreis in F schneidet, zieht FA, FB, und BG gleich und parallel AF, so ist

$$\sphericalangle AFB = R = \sphericalangle FBG$$

$$BG = \frac{i_a \cdot m_a}{D}$$

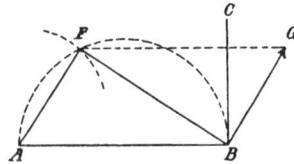

und FB das resultirende Kraftfeld, welches jetzt kleiner ist als die magneti-sirende Kraft der Schenkel. BG gibt durch seine Richtung zu-gleich die Bürstenstellung rechtwinklig auf dem resultirenden Felde an. Da nun durch die Belastung des Ankers mit Strom, immer unter der Voraussetzung, dafs die Bürsten ihre richtige Stel-lung $\perp$ zum Felde haben, dieses Feld geschwächt wird, so nimmt die Spannung der Maschine ab. Die eine der Komponenten, AB, mufs also, um wieder auf die gleiche Spannung zu kommen, so vergrölsert werden zu BA', dafs die neue Resultante $BF' = $ der früheren Komponente BA wird; d. h., ich mufs auf den Schenkeln BA' Ampèrewindungen aufwenden, um BA wirksame Ampère-windungen zu haben.

Da $\dfrac{i_a \cdot m_a}{D}$ wieder rechtwinklig zum resultirenden Felde stehen mufs, so ergibt sich endlich

$$BA' = i_n \cdot m_n = \left(BA^2 + \left[\frac{i_a \cdot m_a}{D} \right]^2 \right)^{1/2}$$

worin $i_n \cdot m_n$ die Ampèrewindungen bezeichnen, welche bei voller Belastung unter Berücksichtigung des Spannungsverlustes in der Maschine und der Rückwirkung der Ankerströme auf das Feld nötig sind, um die gewünschte Klemmenspannung hervorzubringen, wenn

BA bezeichnen die Ampèrewindungen, welche demselben Zwecke ohne Rücksicht auf die Rückwirkung der Ankerströme genügen würden.

Ferner geht aus dieser Betrachtung hervor, dafs der Bürsten-verstellungswinkel

$$CBG = \sphericalangle \alpha = \operatorname{arc\,sin} \frac{m_a \cdot i_a}{D \cdot m_n \cdot i_n}$$

ist, also umgekehrt proportional den Schenkelampèrewindungen, proportional der Ankerwindungszahl, wenn i_a als konstant angenommen ist. Wir können also eine möglichst geringe Ankerrückwirkung erzielen, wenn wir die Ankerwindungszahl so klein als angängig und das Produkt $m_1 \cdot i_n$ so grofs als angängig machen. Beides aber hat seine Grenzen und kann dann eher schädlich als nützlich wirken. Denn eine geringe Ankerwindungszahl bedingt unter sonst gleichen Verhältnissen einen höheren Sättigungsgrad σ; geht man darin zu weit, so kann sich die magnetische Reibung (Hysteresis) im Ankereisen durch Erwärmung desselben eventuell sehr bemerkbar machen; während andererseits die Steigerung des Werthes $i_n \cdot m_n$ auch eine höhere Spulentemperatur zur Folge haben wird. Es ist deshalb durchaus nöthig, auch für diese schwer in Formeln zu kleidenden, aber praktisch genügend bekannten und durch empirische Werthe auszudrückenden Beziehungen Annahmen zu machen.

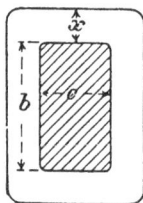 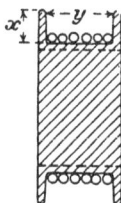 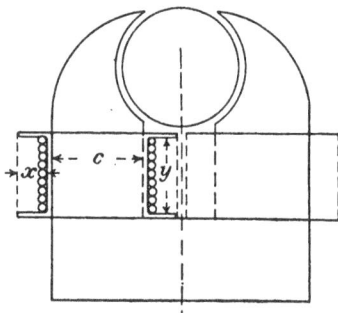

Fig. 35.   Fig. 36.   Fig. 37.

Wir wollen als höchste Umfangsgeschwindigkeit des Ankers den Werth 18 m. pro Sekunde normiren, also

$$\left(\frac{a \cdot \pi \cdot T}{60}\right)_{Max} = 18$$

wo a in Metern auszudrücken ist; ferner als höchsten Werth des Produktes aus Polwechselzahl pro Sekunde und Sättigungsgrad des Ankereisens

$$\left(\frac{T \cdot P \cdot \sigma}{2 \cdot 60}\right)_{Max} = 12.$$

Bei Anwendung dieser Formeln wollen wir aber bedenken, dafs man praktisch kaum über 70% Sättigungsgrad hinausgeht. Denn da bei der Konstruktion einer Dynamomaschine in den weitaus meisten Fällen aufser der Leistung in Watt auch die ungefähre

Tourenzahl vom Besteller angegeben wird, so wird unsere Formel bei grofsen langsam laufenden Maschinen einen zu hohen Werth von σ ergeben. Man nehme dann nur 70% Sättigungsgrad, und kann im übrigen den Anker etwas stärker belasten als die Beziehung

$$J^2 \cdot w_a = 0,1 \cdot \text{Oberfläche}$$

zulassen würde.

In betreff des Wickelraumes der Schenkel gilt folgendes.

Auf eine Zinkspule, seltener Holzspule gewickelt und so auf die Schenkel resp. Polschuhe aufgebracht; diese Spulen sind nun so zu bemessen, dafs eine genügend grofse Wärme ausstrahlende Oberfläche vorhanden ist. Nehmen wir als Oberfläche in diesem Sinne die Fläche der obersten Drahtlage an, und gehen von derselben Anschauung aus wie früher beim Anker, dafs der Verlust an Volt-Ampère in den Schenkeln ein bestimmtes Verhältniss zu dieser Oberfläche habe, so können wir schreiben

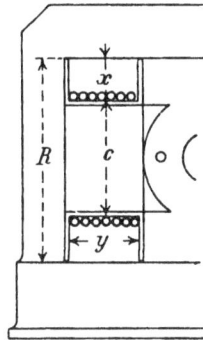

Fig. 38.

$$i_n \cdot e = 0,15 \cdot \text{Oberfläche}.$$

Bei der Eisenkonstruktion der Mantel-type dürfte es sich nun, da alle Werthe der Dimensionen, auch x, wie wir sofort sehen werden, aus dem Durchmesser des Ankers a abzuleiten sind, empfehlen, den Werth y in erster Annäherung so grofs zu machen, als der Durchmesser der Polschuhbohrung wegen des Aufbringens der Zinkspulen auf die Polschuhe zuläfst; denn diese müssen zwischen beiden Polen hindurchgesteckt werden können.

Da nun also

$$\sphericalangle\, A\,C\,B = \varphi$$

und

$$\sphericalangle\, C\,D\,A + \sphericalangle\, C\,A\,D = \varphi$$

so ist

$$\sphericalangle\, C\,D\,A = \frac{\varphi}{2}$$

nun

$$\sphericalangle\, D\,A\,B = R$$

folglich

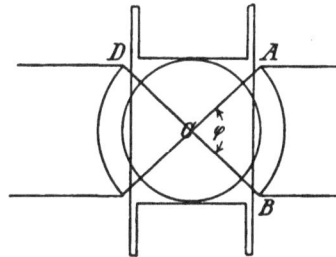

Fig. 39.

$$D\,A = D\,B \cdot \cos\frac{\varphi}{2} = a \cdot \cos\frac{\varphi}{2}.$$

Nimmt man für die Materialstärke des Zinks den Werth 0,4 cm an und für einen sicheren Luftzwischenraum an jeder Seite 0,6 cm, so wird

$$y = (a \cdot \cos \frac{\varphi}{2} - 2{,}0) \text{ cm}.$$

Für den Werth x ist abzuleiten, wenn die Spule von der Joch-resp. Grundplatte 0,5 cm entfernt ist,

$$x = \tfrac{1}{2} (R - [c + 1])$$

in Centimetern, wo $R = b$ ist.

Läfst man bei der Hufeisentype zwischen den beiden Zink-spulen eine Entfernung von 1 cm zu, so ist

$$x = \tfrac{1}{2} (g - [2 c + 1])$$

in Centimetern.

Für den Werth von y in erster Annäherung nimmt man natür-lich obige Formel

$$y = (a \cdot \cos \frac{\varphi}{2} - 2{,}0)$$

in Centimetern.

Hat man die Berechnung der Maschine so weit durchgeführt, dafs man weifs, wie viel Watt der Nebenschlufs derselben ver-braucht, so kontrollirt man den Werth y durch die Formel

$$i_n \cdot e = 0{,}15 \cdot \text{Oberfläche}.$$

Dies ergibt für die Manteltype

$$i_n \cdot e = 0{,}15 \cdot y \cdot P (2 [b + c] + \pi [R - c])$$

wo P die Anzahl der Pole resp. Spulen bedeutet, für die Huf-eisentype mit zwei Polen

$$i_n \cdot e = 0{,}3 \, y \left[2 (b + c) + \pi \cdot 2 \cdot \left(\frac{g}{2} - c \right) \right].$$

Im folgenden sollen unsere Betrachtungen nun zur Konstruktion und Berechnung von Gleichstromdynamomaschinen angewendet werden; und zwar soll die Rechnung an Maschinen ausgeführt werden, welche wirklich praktisch ausgeführt worden sind, so dafs Theorie und Praxis mit einander verglichen werden können.

Beispiele.

Zweipolige Manteltype der deutschen Elektrizitätswerke
zu Aachen mit Nutentrommelanker.

1. Nebenschlußdynamo zu 110 Volt 260 Ampère bei 900 Touren.

Wir nehmen als Ankerdurchmesser

$$a = 28,0 \text{ cm}$$

dann wird

$$b = 1,6 \cdot 28 = 45 \text{ cm}$$
$$R = b = 45 \text{ cm}$$
$$c = 0,75\, a = 21 \text{ cm}$$
$$d = \frac{C}{2} = 10,5 \text{ cm}$$
$$\eta = 97^{\circ}$$
$$x = 11,5 \text{ cm}$$
$$y = 16,9 \text{ cm.}$$

Dann ist das Kraftlinienmaximum

$$K_M = c \cdot b \cdot 11\,000$$
$$= 104 \cdot 10^5$$

Bei dieser schon verhältnismäßig großen Maschine ergibt
sich nach unserer Formel

$$\left(\frac{T.\,P.\,\sigma}{2 \cdot 60} \right)_{Max} = 12$$

$$\sigma = 0,8.$$

Wir wollen 70 % Sättigungsgrad also $\sigma = 0,7$ annehmen.

Ankerwindungszahl

$$m_a = \frac{110 \cdot 30 \cdot 10^8}{104 \cdot 0,7 \cdot 900 \cdot 10^5} = 50.$$

Querschnitt des Ankerdrahtes

$$q = 260^2 \cdot \frac{0,115 \cdot 50 \cdot 0,9}{4 \cdot 28 \cdot 59} = 53 \text{ mm}^2.$$

Durchmesser des Ankerdrahtes $\Phi_a = 5,8$ mm (2 Drähte parallel).
Nuten 50, Drähte per Nute 4, Durchmesser des isolirten
Drahtes $= 6,3$ mm. Zur Auskleidung der Nute wird ein
Isolirkörper von 0,3 bis 0,4 mm Stärke verwendet, am
besten vulkanisirte Fiber, welche in den verschiedensten
Stärken marktgängig ist.

Die Tiefe der Nute $t = 25,6$ mm. Die maximale Breite

$$s_M = \left(a - 2\,t - \frac{78 \cdot \sigma \cdot c}{\varphi}\right) \frac{\pi}{m_z} = 7,0 \text{ mm}$$

Wir wählen also zur Auskleidung der Nutenwände Fiber von 0,3 mm Stärke. Dies ergibt eine genaue Nutenbreite

$$s = 5,8 + 0,5 + 2 \cdot 0,3 = 6,9 \text{ mm.}$$

Praktisch nimmt man natürlich $s = 7,0$ damit die Drähte nicht zu schwer in die Mitte gepreßt werden.

Der Kollektor erhält 50 Lamellen, zwischen je zwei benachbarten Lamellen sitzt eine Windung; da aber diese Windung aus zwei parallelen Drähten besteht, so sitzen in jeder Lamelle 4 Drähte.

Auf die Dimensionen des Kollektors näher einzugehen, überschreitet die Grenzen, welche sich diese Schrift gesteckt hat.

Hiermit wäre der Anker fertig berechnet; sein elektrischer Widerstand ist

$$w_a = \frac{0,018 \cdot 1,8 \cdot 50}{4 \cdot 53} = 0,00765 \text{ Ohm}$$

in kaltem Zustande, oder wie oben angenommen, im Betrieb:

$$w_a = 0,00765 \cdot 1,2 = 0,00917 \text{ Ohm.}$$

Der Verlust an Spannung im Anker:

$$v_a = 260 \cdot 0,00917 = 2,38 \text{ Volt.}$$

Bei voller Belastung mit 260 Ampère und 110 Volt Klemmenspannung ist

$$E.\,M.\,K = 110 + 2,38 = 112,4 \text{ Volt.}$$

Dann

$$K = \frac{112,4 \cdot 30 \cdot 10^8}{50 \cdot 900} = 75 \cdot 10^5$$

Kraftlinien.

Die Entfernung zwischen Polschuh und Ankereisen betrage 0,3 cm, dann ist der Weg der Kraftlinien in der Luft

$$l = 0,6 \text{ cm,}$$

der Querschnitt des Luftraumes

$$q = \frac{a\,\pi \cdot \varphi \cdot b}{360} = 1060 \text{ cm}^2$$

Für $75 \cdot 10^5$ Kraftlinien

$$A\,W = 75 \cdot 10^5 \cdot \frac{0,6 \cdot 0,8}{1060} = 3380,$$

der Querschnitt des Gußeisens ist
$$q = c \cdot b = 945 \text{ cm}^2.$$
folglich die Dichte der Kraftlinien
$$\mathit{\Delta} = \frac{75 \cdot 10^5}{945} = 7950 \text{ pro cm}^2.$$

Für 7950 Kraftlinien pro cm² gibt die Kurve für mittleres Gußeisen an: 58 AW pro cm. Da nun die Länge des Kraftlinien-weges im Guß $= 173$ cm ist, so ist
$$A\,W = 173 \cdot 58 = 10\,000.$$

Die Summe der für $75 \cdot 10^5$ Kraftlinien nöthigen Ampère-Windungen ist also
$$A\,W_{total} = 13\,400.$$
Unter Berücksichtigung der Ankerrückwirkung
$$A\,W_R = \sqrt{13\,400^2 + \left(\frac{260 \cdot 50}{2}\right)^2}$$
$$= 14\,900.$$
Nun ist
$$l_n = 2\,(0{,}45 + 0{,}21) + \frac{0{,}45 - 0{,}21}{2} \cdot \pi$$
$$= 1{,}7 \text{ m}.$$

also $\quad C = \sqrt{\dfrac{0{,}018 \cdot 1{,}7 \cdot 4 \cdot 1{,}2}{\pi}} = 0{,}216$

also der Durchmesser des Nebenschlußdrahtes
$$\delta_n = 0{,}216 \sqrt{\frac{A\,W_R}{e}} = 2{,}5 \text{ mm}.$$

Nun haben wir an verfügbarem Querschnitt des Spulenwickelraumes beider Zinkspulen
$$2\,x \cdot y = 2 \cdot 11{,}5 \cdot 16{,}9 \text{ cm}^2$$
$$= 38\,800 \text{ mm}$$
Nimmt man nun an, daß ein isolirter Draht vom Durchmesser δ_i einen Querschnitt δ_i^2 beim Aufwickeln auf die Spule braucht, so erhalten wir bei einer Isolation von 0,5 mm

Anzahl der Windungen ca. $= \dfrac{38\,800}{9{,}0} = 4300 = m_n$,

also eine Stromstärke $i_n = \dfrac{14\,900}{4300} = 3{,}47$ Amp. ca.

Dies ergibt einen Energieverlust im Nebenschluß

$$i_n \cdot e = 3{,}47 \cdot 110 = 381 \text{ Voltampère.}$$

Nun soll sein

$$381 = 0{,}3 \, y \, (2 \, [b + c] + \pi \, [R - c]),$$

$$\text{also } y = \frac{381}{0{,}3 \, (2 \cdot 66 + \pi \cdot 24)} = 6{,}14 \text{ cm}$$
$$= 61{,}4 \text{ mm.}$$

Wir sehen also, daß wir zu Anfang die Dimension y zu groß genommen haben; da sich aber durch Änderung der Dimension auch i_n und daher der Energieverlust ändern, so dürfen wir nun nicht ohne weiteres 61,4 mm annehmen, sondern einen Zwischenwerth. Nehmen wir $y = 120$ mm,

so ist
$$2 \, x \, y = 27\,600 \text{ mm}^2$$
$$m_n = \frac{27\,600}{9} = 3070$$
$$i_n = \frac{14\,900}{3070} = \text{ca. 4,9 Amp.}$$
$$\text{Verlust} = 4{,}9 \cdot 110 = 540 \text{ Watt.}$$
$$\text{Darnach } y = \frac{540}{62} = 8{,}7 \text{ cm} = 87 \text{ mm.}$$

Also noch zu groß:
$$y = 100$$
$$2 \, x \, y = 23\,000$$
$$m_n = 2560$$
$$i_n = 5{,}8 \text{ Amp.}$$
$$\text{Verlust} = 640$$
$$\text{Darnach } y = \frac{640}{62} = 10{,}3 \text{ cm} = 103 \text{ mm}$$

Da diese Abweichung unbedeutend ist, und zudem dadurch, daß der magnetische Kreis jetzt auch kürzer geworden ist, die Anzahl der Ampèrewindungen etwas abgenommen haben, behalten wir den Werth bei

$$y = 100 \text{ mm.}$$

Zur Kontrolle der Güte der Maschine wollen wir noch den elektrischen Nutzeffekt berechnen:

Energieverlust im Anker $= J_a^2 \cdot w_a = 265{,}8^2 \cdot 0{,}00917$
                              $= 650 \text{ Watt}$

Energieverlust im Nebenschluß $= i_n \cdot e$
                              $= 640 \text{ Watt}$

Gesammtverlust	$= 1290$ Watt
Äufsere Leistung	$= 110 \cdot 260$
	$= 28\,600$ Watt
Äufsere Leistung	
$+$ Gesammtverlust	$= 29\,890$ Watt
Elektrischer Wirkungsgrad	$= \dfrac{28\,600}{29\,890} = 95{,}7\,\%$.

2. Dieselbe Maschine als Kompoundmaschine.
Ankerkonstruktion etc. siehe im Vorigen.

Es ändert sich die Schenkelbewicklung insofern, als der Nebenschlufs jetzt für den Leerlauf der Maschine zu berechnen ist,
während die Kompoundbewicklung den Spannungsabfall durch
Belastung mit Strom und Ankerrückwirkung ausgleichen soll.

Für den Leerlauf brauchen wir Kraftlinien

$$K = \frac{110 \cdot 30 \cdot 10^8}{50 \cdot 900} = 73{,}5 \cdot 10^5$$

Luftraum: $A.\,W. = 3310$
Gufs: $\quad A.\,W. = 9100$
$$\overline{\text{Total} \quad = 12410} \text{ circa}$$

$$\delta_n = 0{,}216 \cdot \sqrt{\frac{12\,410}{110}} = 2{,}3 \text{ mm.}$$

Für volle Belastung waren nöthig (siehe oben)
$$A\,W_R = 14\,900.$$

Es entfallen also auf die Kompoundwicklung

$$\begin{array}{r} 14\,900 \\ -\ 12\,400 \\ \hline =\ 2\,500, \end{array}$$

also bei einer verlangten Stromstärke $J = 260$ Ampère $m_d = $ Anzahl der Windungen $= \dfrac{2500}{260} = $ circa 10.

Bei der Bestimmung des Durchmessers des dicken Drahtes
ist es rathsam, nicht über eine Belastung von 2 Ampère pro mm²
Querschnitt hinauszugehen; hier ergäben sich 3 parallele Drähte
vom Φ 7,5 mm des nackten Kupfers.

Wie verhält sich nun die so berechnete Dynamo inbezug auf
die Verschiebung der neutralen Zone des Ankers?

4*

Es ist der Verschiebungswinkel

$$\sphericalangle\, a = \text{arc sin} \frac{m_a \cdot i_a}{2 \cdot m_n \cdot i_n}$$

$$= \text{arc sin} \frac{6\,500}{14\,900} = 26^{\circ}.$$

Ist die Maschine im übrigen so dimensionirt, daſs die Joch- und Grundplatte soweit vom Ankereisen entfernt sind, daſs eine gröſsere Streuung von Kraftlinien zwischen diesen nicht stattfindet, so wird die Breite der neutralen Zone des Ankers leicht einen Betrag erreichen, der noch gröſser ist als ein Bogen von 26°; stellt

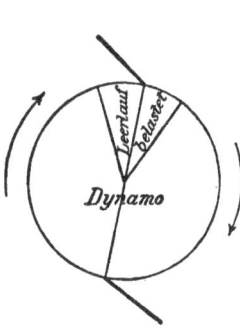

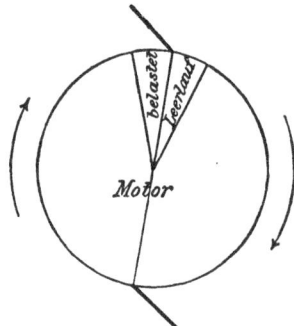

Fig. 40.   Fig. 41.

man nun die Bürsten an die äuſserste Grenze der neutralen Zone (im Sinne der Drehrichtung bei Dynamomaschinen, bei Motoren umgekehrt) bei Leerlauf der Maschine, so wird man praktisch, wenn die Bürsten gute Auflageflächen haben, keinerlei Verstellung bedürfen.

Achtpolige geschlossene Type mit Nutentrommelanker.

3. Nebenschluſsdynamo für 120 Volt, 1700 Ampère bei 130 Touren.

Wir wählen die achtpolige Type, und nehmen zunächst an:

$$a = 120 \text{ cm} \qquad d = 23{,}5 \text{ cm}$$
$$b = 70 \text{ cm} \qquad y = 22{,}0 \text{ cm}$$
$$\sphericalangle\, \varphi = 25^{\circ} \qquad \psi = 22{,}5^{\circ}$$
$$\text{dann} \quad c = b \cdot \sin\frac{\varphi}{2} \qquad x = 11{,}0 \text{ cm}.$$
$$= 26 \text{ cm},$$

Dann ist das Kraftlinienmaximum für $^1/_4$ der Maschine:

$$K_M = c \cdot b \cdot 11\,000 = 200.$$

Wir nehmen $\sigma = 0{,}7$, was reichlich gestattet ist; dann

$$m_a = \frac{E \cdot D \cdot 60 \cdot 10^8}{P \cdot K_M \cdot \sigma \cdot T \cdot 2} = 200,$$

der Werth ist abgerundet.

$$l_a = 2{,}36 \text{ Meter},$$

$$q_a = \frac{J_a^2 \cdot 0{,}018 \cdot 200 \cdot 2\left(0{,}7 + \dfrac{3{,}2}{8} \cdot 1{,}2\right)}{64 \cdot 0{,}1 \cdot 120 \cdot \pi\,(60 + 70)} = 79 \text{ mm}^2$$

bei einer derartigen Wicklung des Ankers, dafs acht parallel geschaltete Ankerabtheilungen entstehen, also ohne Anwendung einer

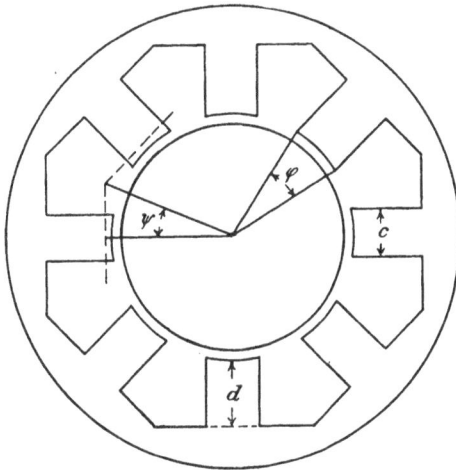

Fig. 42.

Kollektorwicklung auch vier Paare Bürsten an acht verschiedenen
Punkten des Kollektors anliegen müssen.

Durchmesser des Ankerdrahtes

$$\Phi_a = 6{,}0 \text{ mm (3 Drähte parallel).}$$

Nuten 200.

Drähte per Nute 6.

Durchmesser des isolirten Drahtes 6,5 mm.

Tiefe der Nute $t = 40$ mm.

Maximale Breite $s_m = 8{,}6$ mm.

Wir wählen also zur Auskleidung der Nute Fiber von 0,45 mm Stärke und machen

$$s = 7{,}5 \text{ mm.}$$

Der Kollektor erhält 200 Lamellen, zwischen je zwei benachbarten Lamellen sitzt eine Windung, bestehend aus drei parallel geschalteten Drähten.

$$w_a \text{ im Betriebe} = 0{,}00188 \text{ Ohm.}$$

Spannungsverlust im Anker

$$v_a = 1700 \cdot 0{,}00188 = 3{,}2 \text{ Volt.}$$

Also $E. M. K.$ bei voller Stromstärke

$$= 123{,}2 \text{ Volt.}$$
$$K = 142 \cdot 10^5$$

in einem Viertel der Maschine.

Luftraum:

$$l = 1{,}5 \text{ cm (Bohrung von 121,5 cm)}$$
$$q = \frac{a \cdot b \cdot \pi \cdot \varphi}{360} = 1860 \text{ cm}^2.$$

Für $142 \cdot 10^5$ Kraftlinie also

$$A W. = \frac{142 \cdot 10^5 \cdot 1{,}5 \cdot 0{,}8}{1860} = 9160$$

in einem Viertel der Maschine.

Gußkörper:

$$l = 143 \text{ cm}$$
$$q = 1820 \text{ cm}^2$$

Dichte der Kraftlinien $= 7800$.

$$\frac{A W}{cm} = 54$$

nach der Kurve für mittleres Gußeisen.

$$A W = 54 \cdot 143 = 7730$$

in einem Viertel der Maschine.

Summe der Kraftlinien $= 16\,890$ in einem Viertel der Maschine.

Durch Rückwirkung der Ankerströme wird

$$A W_R = \sqrt{16\,890^2 + \left(\frac{200}{4} \cdot \frac{1700}{8}\right)^2} = 19\,900$$

in einem Viertel der Maschine.

Also ganze Ampèrewindungszahl der Maschine

$$A \underset{total}{W} = 4 \cdot 19\,900 = 80\,000 \text{ circa.}$$

$l_n =$ Länge einer mittleren Nebenschlußwindung $= 2,27$ m.

$$C = 0,251$$

$$\delta_n = 0,251 \sqrt{\frac{80\,000}{120}} = 6,5 \text{ mm}$$

isolirt 7,0 mm.

$$m_n = \frac{8 \cdot 110 \cdot 220}{7,0^2} = 3960$$

$$i_n = \frac{80\,000}{3\,960} = 20 \text{ Amp. circa.}$$

Energieverlust im Nebenschluß $= 120 \cdot 20 = 2400$ Watt.

Zur Kontrolle

$$y = \frac{2400}{0,15 \cdot 8 \cdot 269} = 7,5 \text{ cm} = 75 \text{ mm}.$$

Unsere anfängliche Annahme war $y = 220$.

Nehme jetzt $\qquad y = 140$

und $\qquad\qquad\qquad d = 160,$

dann ist der Weg der Kraftlinien im Guß

$$l = 123$$

$A\,W$ in einem Viertel der Maschine $= 6650$.

$$A\,W_R = \sqrt{15\,810^2 + \left(\frac{200}{4} \cdot \frac{1700}{8}\right)^2} = 19\,000.$$

$$\underset{total}{A\,W} = 76\,000$$

$$\delta_n = 6,5 \text{ mm}$$

$$m_n = \frac{8 \cdot 110 \cdot 140}{7,0^2} = 2520$$

$$i_n = \frac{76\,000}{2\,520} = 30 \text{ Amp. circa.}$$

Energieverlust $= i_n \cdot e = 3\,600$ Watt.

$$y = \frac{3600}{0,15 \cdot 8 \cdot 269} = 14,4 \text{ cm} = 144 \text{ mm}.$$

Wir können also praktisch $y = 140$ mm nehmen.

Elektrischer Wirkungsgrad

Verlust im Anker:	5620 Watt
Verlust im Nebenschluß:	3600 ,,
Totaler Verlust	9220 Watt
Äußere Leistung:	20 4000 ,,
Ganze Leistung:	21 3220 ,,

Elektrischer Wirkungsgrad $= 95,7\,\%$.

IV. Beispiel.

Zweipolige Hufeisentype mit Nutentrommelanker.

Nebenschlußmotor für 5 $P.S.$ bei 110 Volt und 1150 Touren.

$$a = 16 \text{ cm} \qquad\qquad p = 4{,}8 \text{ cm}$$
$$b = 1{,}6 \cdot 16 = 26 \text{ cm} \qquad q = 97$$
$$c = 0{,}75 \cdot a = 12 \text{ cm} \qquad y = 8{,}6 \text{ cm}$$
$$m = 16{,}4 \text{ cm} \qquad\qquad x = 5 \text{ cm}$$
$$g = 35 \text{ cm} \qquad\qquad h = 31 \text{ cm.}$$

Dann ist
$$K_m = c \cdot b \cdot 11000$$
$$= 34{,}2 \cdot 10^5$$
$$\sigma = \frac{12 \cdot 2 \cdot 60}{1150 \cdot 2} = 0{,}628$$
$$m_a = \frac{110 \cdot 30}{1150 \cdot 0{,}628 \cdot 34{,}2} = 134.$$

Wir wählen 46 Kollektortheile und $m_a = 46 \cdot 3 = 138$ Windungen.

Wir wollen zunächst die Stromstärke des Ankers bei voller Belastung berechnen.

Die Maschine soll $5\,PS$ leisten; legen wir einen totalen Wirkungsgrad
$$\eta = 0{,}8$$
zu Grunde, so erhalten wir für die ganze äußere Stromstärke
$$i = \frac{5 \cdot 736}{110 \cdot 0{,}8} = 41{,}8 \text{ Amp.}$$

Davon subtrahirt sich der Strom des Nebenschlusses, so daß wir in runder Zahl für den Ankerstrom rechnen können
$$i_a = 40 \text{ Amp.}$$
also der Querschnitt des Drahtes
$$q = \frac{40^2 \cdot 0{,}018 \cdot 138 \cdot 2\left(0{,}26 + \frac{3{,}2}{2} \cdot 0{,}16\right)}{4 \cdot 0{,}1 \cdot 16 \cdot \pi\,(8 + 26)} = 6 \text{ mm}^2.$$
also $\Phi_a = 2{,}8$ mm, isolirt 3,3 mm.

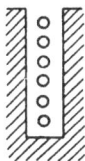

Wir nehmen 46 Nuten, in jede kommen 6 Drähte. Es wird
$$t = 2{,}02 \text{ cm}$$
$$s = 0{,}4 \text{ cm.}$$

Zu verwenden ist vulkanisirtes Fiber von 0,3 mm Dicke.

Die zulässige Nutenbreite ist

$$s_m = \frac{(16,0 - 4,04 - 11,96)}{46} \cdot \pi = 0,405 \text{ cm}.$$

Der elektrische Widerstand des Ankers wird

$$w_a = \frac{0,018 \cdot 1,032 \cdot 138}{4 \cdot 6,16} = 0,104 \text{ Ohm kalt}$$
$$= 0,104 \cdot 1,2 = 0,1245 \text{ Ohm warm}.$$

Der Verlust an Spannung im Anker ist

$$V_a = 40 \cdot 0,1245 = 4,97 \text{ Volt}.$$

Also ist die gegenelektromotorische Kraft bei voller Belastung

$$G. E. M. K = 110 - 4,97 = 105 \text{ Volt}.$$

Dann ist

$$K = \frac{105 \cdot 30 \cdot 10^8}{138 \cdot 1150} = 19,8 \cdot 10^5$$

die totale Kraftlinienzahl.

Für diese Zahl ist der Werth der Ampèrewindungen zu berechnen.

Die Entfernung zwischen Polschuh und Ankereisen ist 0,2 cm. Dann ist der Weg der Kraftlinien in der Luft

$$l = 0,4 \text{ cm}.$$

Der Querschnitt des Luftraumes ist

$$q = \frac{a \cdot \pi \cdot \varphi \cdot b}{360} = 351 \text{ cm}^2.$$

Wir erhalten also für $19,8 \cdot 10^5$ Kraftlinien

$$A. W. = 19,8 \cdot 10^5 \frac{0,4 \cdot 0,8}{351} = 1810.$$

Der Querschnitt des Gußeisens ist

$$q = c \cdot b = 312 \text{ cm}^2,$$

folglich Dichte der Kraftlinien

$$\varDelta = \frac{19,8 \cdot 10^5}{312} = 6360.$$

Für 6360 Kraftlinien pro cm² gibt die Kurve II für mittleres Gußeisen

$$AW = 32 \text{ an}.$$

Nun ist die Länge des Kraftlinienweges in der Luft

$$l = g + 2 (h - c)$$
$$l = 73 \text{ cm}.$$

Also totale Ampèrewindungszahl des Gußeisens

$$AW = 73 \cdot 32 = 2330$$

Summa AW der Maschine

$$= 2330 + 1810.$$
$$= 4140.$$

Durch Rückwirkung der Ankerströme wird

$$AW_R = \sqrt{4140^2 + \left(\frac{138 \cdot 40}{2}\right)^2}$$
$$= 4980.$$

Da nun $l_n = 2\,(b + c) + \pi \left(\frac{g}{2} - c\right)$

$$= 0{,}933 \text{ ist,}$$

wird $C = \sqrt{\dfrac{0{,}018 \cdot 0{,}933 \cdot 4 \cdot 1{,}2}{\pi}}$

$$= 0{,}16$$

und $\Phi_n = 0{,}16 \cdot \sqrt{\dfrac{4980}{110}}$

$$= 1{,}08$$

Wir nehmen also Nebenschlußdraht von 1,1 mm Durchmesser, der isolirt einen Durchmesser von 1,6 mm haben soll.

Dann ist $m_n = \dfrac{2 \cdot 50 \cdot 86}{1{,}6^2} = 3360$

$$i_n = \frac{4980}{3360} = 1{,}49 \text{ Amp.}$$

Energieverlust im Nebenschluß

$$= 1{,}49 \cdot 110 = 163 \text{ Watt}$$

Zur Kontrolle $y = \dfrac{163}{0{,}3 \cdot 110{,}6} = 4{,}9$ cm.

Nehme nun $y = 6{,}5$ cm, dann ist der Weg der Kraftlinien im Guß jetzt, da $h = 28{,}5$ wird,

$$l = 68 \text{ cm.}$$

Also Ampèrewindungen des Gußeisens.

$$A\,W = 68 \cdot 32 = 2170.$$

Totale Summe

$$A.\,W. = 2170 + 1810 = 3980.$$

Durch Rückwirkung der Ankerströme wird

$$A\,W_R = \sqrt{\,8309^2 + \left(\frac{138 \cdot 40}{2}\right)^2} = 4840,$$

also

$$\Phi_n = 0{,}16 \sqrt{\frac{4840}{110}} = 1{,}06\,\text{mm}.$$

Wie vorher nehmen wir $\Phi_n = 1{,}1$ mm.

Dann ist

$$m_n = \frac{2 \cdot 50 \cdot 65}{1{,}6^2} = 2530$$

$$i_n = \frac{4840}{2530} = 1{,}91 \text{ Amp}.$$

Energieverlust im Nebenschluſs

$$= 1{,}91 \cdot 110 = 210 \text{ Watt}.$$

Zur Kontrolle

$$y = \frac{210}{0{,}3 \cdot 110{,}6} = 6{,}36 \text{ cm}.$$

Da dieser Werh für praktische Zwecke mit unserer Annahme

$$y = 6{,}5 \text{ cm}$$

übereinstimmt, beſalten wir letzteren bei.

Elektrischer Wirkungsgrad.

Ankerverlus	$40^3 \cdot 0{,}1245$	$= 198$	Watt
Nebenschluſ	210	$= 210$	,,
Zugeführte Energie	$110 \cdot 41{,}91$	$= 4620$	,,
Nutzbare Energie	$4620 - 210 - 198$	$= 4212$	,,

Wirkungsgrad

$$\eta = \frac{4212}{4620} \cdot 100 = 91{,}2\,\%.$$

Aller Wahrscheinlichkeit nach wird die Maschine also einen besseren totalen Nuzeffekt als anfänglich angenommen (80 %) haben.

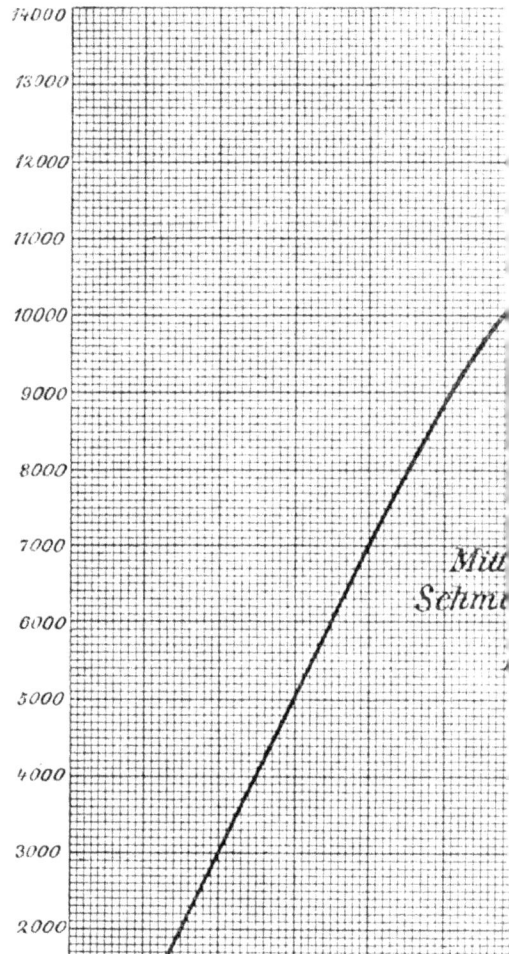

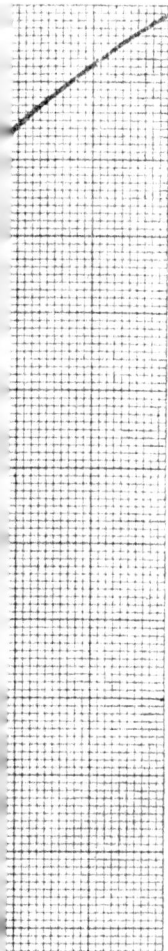

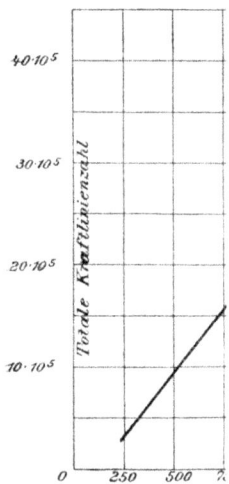

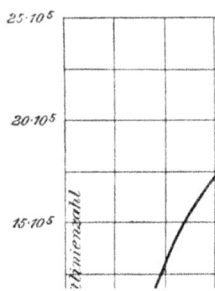

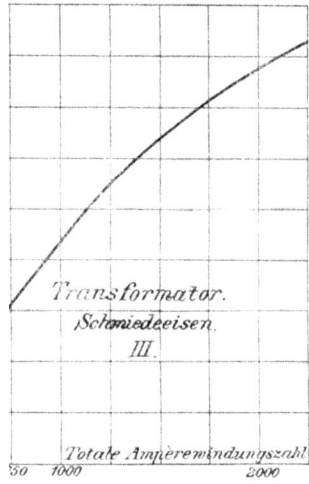

Transformator.
Schmiedeeisen.
III.

Totale Amperewindungszahl

50   1000   2000

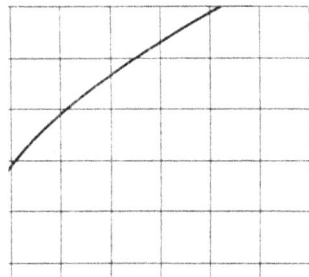

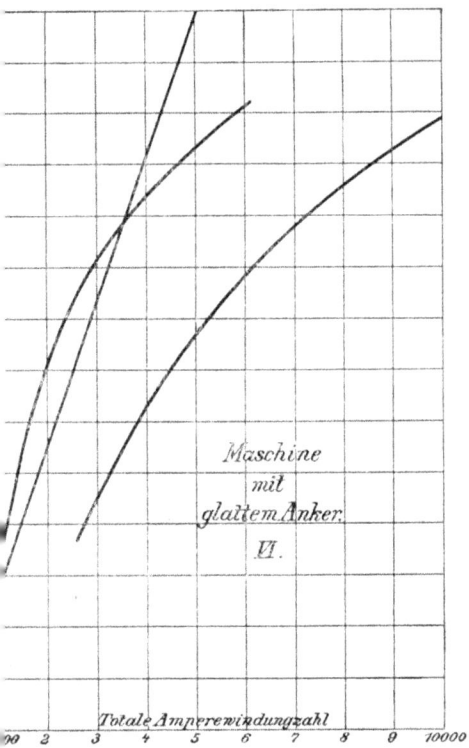

Maschine
mit
glattem Anker.
VI.

Totale Amperewindungzahl

900   2   3   4   5   6   7   8   9   10000

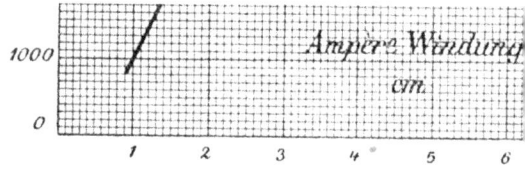

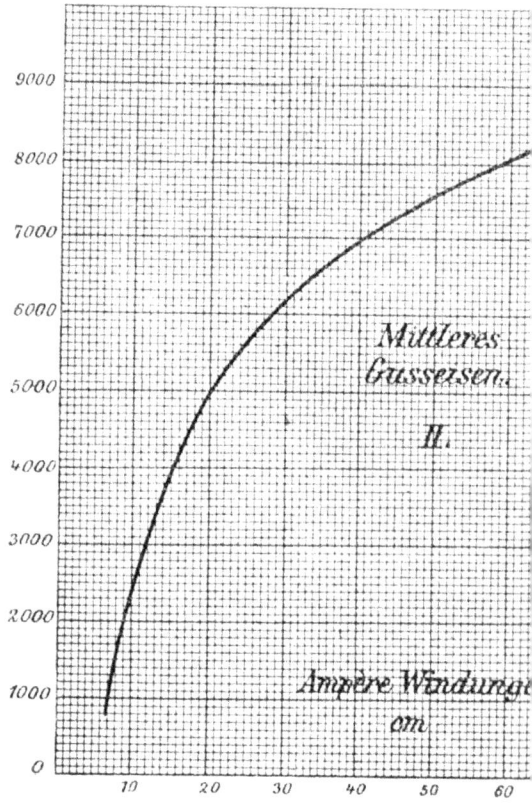

Mittleres Gusseisen. II.

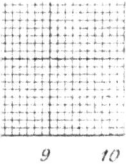

9   10

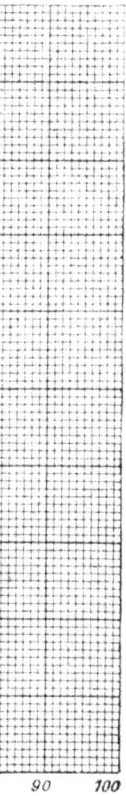

90   100

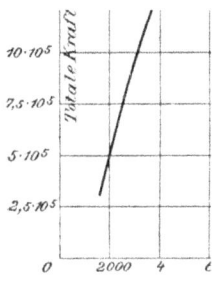

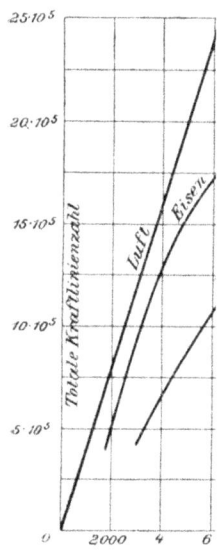

Transformator.

Gusseisen.

IV.

Totale Amperewindungszahl

6   8   10000   12   14000

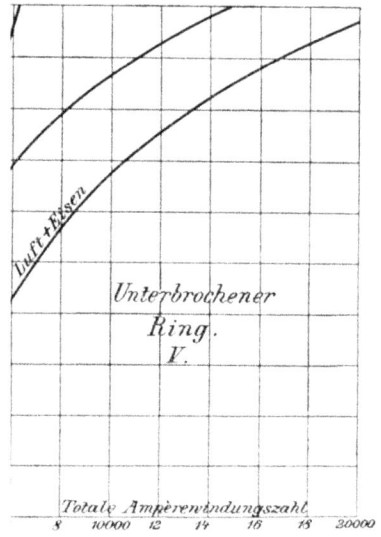

Luft + Eisen

Unterbrochener

Ring.

V.

Totale Amperewindungszahl.

8   10000   12   14   16   18   20000

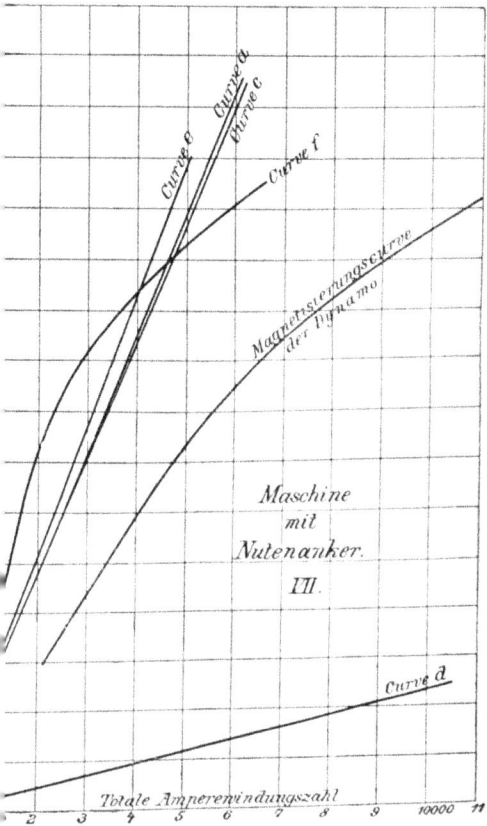

Curve e
Curve a
Curve c
Curve f
Magnetisierungscurve
der Dynamo
Maschine
mit
Nutenanker.
III.
Curve d
Totale Amperewindungszahl

2 3 4 5 6 7 8 9 10000 11

von Julius Springer in Berlin und R. Oldenbourg in München.

·